U0682586

西南联大

美学通识课

朱光潜　朱自清　著

天津出版传媒集团
天津人民出版社

图书在版编目（CIP）数据

西南联大美学通识课 / 朱光潜, 朱自清著. -- 天津: 天津人民出版社, 2022.11（2024.2重印）

ISBN 978-7-201-18860-7

Ⅰ. ①西… Ⅱ. ①朱… ②朱… Ⅲ. ①美学－高等学校－教材 Ⅳ. ①B83

中国版本图书馆CIP数据核字(2022)第188558号

西南联大美学通识课

XINAN LIANDA MEIXUE TONGSHIKE

朱光潜　朱自清　著

出　　版　天津人民出版社
出 版 人　刘锦泉
地　　址　天津市和平区西康路35号康岳大厦
邮政编码　300051
邮购电话　（022）23332469
电子信箱　reader@tjrmcbs.com

责任编辑　玮丽斯
监　　制　黄　利　万　夏
特约编辑　邓　华
营销支持　曹莉丽
装帧设计　紫图图书 ZITO®

制版印刷　艺堂印刷（天津）有限公司
经　　销　新华书店
开　　本　880毫米 × 1230毫米　1/32
印　　张　8.75
字　　数　202千字
版次印次　2022年11月第1版　2024年2月第2次印刷
定　　价　59.90元

温柔的辩护　[俄]瓦西里·康定斯基 绘

我们可以注视康定斯基《温柔的辩护》来测试朱光潜所阐释的“补色”原理。朱先生在1933年出版的《谈美》中讲解道:“注视红色物过久时，视网膜上感受红色的神经就要疲倦，但是周围感受青色（红色的补色）的神经仍未使用，仍甚灵活，所以移视天花板时，感受红色的神经因疲倦而休息，而感受青色的神经则继之活动，所以原物的‘余像’为青色。换句话说，青色可以救济感受红色神经的疲倦，红色也可以救济感受青色神经的疲倦。因此，任何两种补色摆在一块时，视神经可以受最大量的刺激而生极小量的疲倦，所以补色的配合容易引起快感。”

奥林匹亚宙斯庙　*古希腊*

朱光潜先生 1933 年出版的《谈美》，对“形体”之美有如下描述：“形体的单位为线。线虽单纯，也可以分别美丑，在艺术上的位置极为重要。建筑风格的变化就是以线为中心。希腊式建筑多用直线，罗马式建筑多用弧线，‘哥特式’建筑多用相交成尖角的斜线，这是最显著的例子。同是一样线形，粗细、长短、曲直不同，所生的情感也就因之而异。据画家霍加斯的意见，线中最美的是有波纹的曲线。近代实验虽没有完全证实这个说法，曲线比较能引起快感，是大多数人所公认的。”

水竹居图 （元）倪瓒　台北故宫博物院藏

朱自清先生在《逼真与如画》中，指导欣赏倪瓒的画作来阐释境界之义，他写道：“山水，文人欣赏的山水，却是一种境界，来点儿写实固然不妨，可是似乎更宜于象征化。山水里的草木、鸟兽、人物，都吸收在山水里，或者说和山水合为一气；兽与人简直可以没有，如元朝倪瓒的山水画，就常不画人，据说如此更高远，更虚静，更自然。这种境界是画，也是诗，画出来写出来是的，不画出来不写出来也是的。”

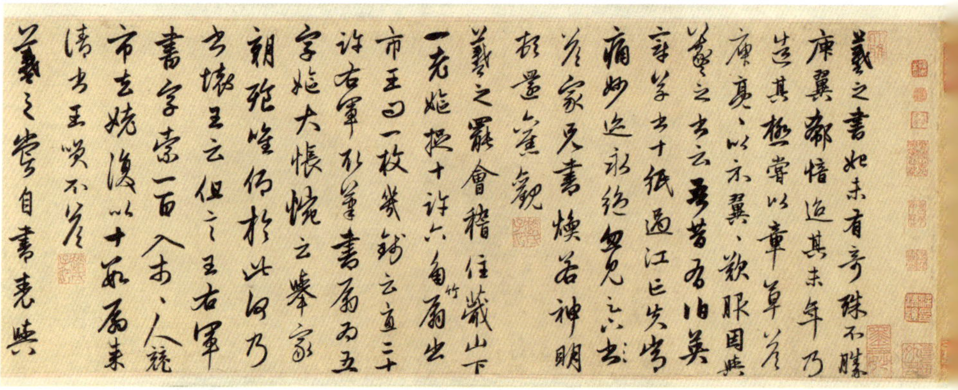

行书右军四事（局部）（元）赵孟頫　美国纽约大都会博物馆藏

移情，是审美产生的重要心理机制。朱光潜先生在出版于 1933 年的《谈美》中，将自己在欣赏颜鲁公和赵孟頫不同风格的书法时，无意识产生的模仿行为用来解释移情作用。“我在看颜鲁公的字时，仿佛对着巍峨的高峰，不知不觉地耸肩聚眉，全身的筋肉都紧张起来，模仿它的严肃；我在看赵孟頫的字时，仿佛对着临风荡漾的柳条，不知不觉地展颐摆腰，全身的筋肉都松懈起来，模仿它的秀媚。从心理学看，这本来不是奇事。凡是观念都有实现于运动的倾向。”

写在“西南联大通识课”丛书出版前

在艰苦的抗日战争时期，为赓续中华民族的文化血脉，北京大学、清华大学、南开大学以国家民族大义为己任，辗转南迁，在祖国的西南边陲合组国立西南联合大学（简称“西南联大”），在极度简陋的环境中坚持办学。近九年的弦歌不辍中，西南联大以文化抗衡日本帝国主义的铁骑，竖起了一座高等教育史的丰碑，为国家和民族留下一笔宝贵的历史财富的同时，亦为现代的中国在对话世界的过程中展示了中华民族在艰难岁月中坚韧不拔的精神气质，赢得世界的认可。

时光虽然过去八十多年，但是西南联大以其坚守、奋发、卓越，向我们展示了中华民族在寻求民族独立、民族解放、民族富强的道路上的决心。西南联大以她的方式在教学、科研、育人、生活、服务社会等多维的方面，既为我们记录了他们对古老中国深沉的爱，也以时间画卷展现了他们在民族危亡时始终坚定胜利和孜孜寻求中国现代化的出路，并且拼命追赶着世界的步伐。为此，我始终对西南联大抱有着崇高的敬意和仰望。

我想这套书的出版，既是为历史保存，也是为时代讲述。从书中我们可以从细微处感知那一代人他们是那么深沉地爱着她的国家，爱着她的人民。我们会发现，抗战中的西南联大从历史走来，回归到了百年的民族梦想和现代化的道路中来审视她的价值。我想，细心的读者可以发现，历史从未走远。

用朱光潜先生的话来做引：读书不在多，最重要的是选得精，读得彻底。期待读者在选读中，我们一起可以慢慢从历史、哲学、文学、美学的一个个侧面品味西南联大与现代中国是如何向世界讲述中国故事。这便是我读这套书的感受。是为序。

西南联大博物馆馆长
李红英
于西南联大旧址
2022 年 10 月 12 日

编者的话

西南联大诞生于民族存亡之关头，与抗日战争相始终。前后虽仅存 8 年多时间，但其以延续中华文脉为使命的“刚毅坚卓”，“内树学术自由之规模，外来民主堡垒之称号，违千夫之诺诺，作一士之谔谔”（西南联大碑文语），培育了众多国家级、世界级的人才。不仅创造了世界教育史上的伟大奇迹，更引领思想，开启了中国现代文化史上的绚烂篇章。

弗尼吉亚大学约翰·伊瑟雷尔教授说，“这所大学的遗产是属于全人类的”。“西南联大通识课”丛书，正是我们以虔诚之心，整理、保留联大知识遗产所作的努力。

联大之所以学术、育才成果辉煌，是因其在高压之下仍坚持教授治校、学术自由的校风宗旨，也得益于其贯彻实施通识教育理念。通识教育（general education）是指对所有学生所普遍进行的共同文化教育，包括基础性的语言、文化、历史、科学知识的传授，个性的熏陶，以及不直接服务于专业教育的人人皆需的一些实际能力的培养，目的在于完备学生知识结构，让其“通”和“专”的教育互为成就，进步空间更大。

近年来，“通识”学习需求在社会中表现得越来越普遍，对自己知识素养有所要求的人，亦会主动寻找通识读物为自己充电。这让我们产生了将联大教授的讲义、学术成果整理编辑为适用当下的通识读本的想法，也为保留传承联大知识遗产做出一点小小贡献。

文学、历史、哲学、美学，是基础性的通识课题，因此我们首先设定这四门学科来编辑通识课读本。

通识课得有系统性，所以我们先根据学科框架设定章节，再从联大相应教授的讲义或学术成果中选取相应内容构成全书。

即便我们设定了每本书的主题，但由于同时选入多位教授的作品，因教授风格之不同，使得篇章之间也显示为不同风格。不过，这也正好是西南联大包容自由、百花齐放的具体表现。

联大教授当时的授课讲义多有遗失，极少部分由后人或学生整理成书。这些后期整理而成的出版物，成为我们的内容来源之一。更多教授的讲义，后被教授本人修订或展开重写，成为其学术著作的一部分。其学术著作，就成为我们的又一内容来源。因此，我们的“西南联大通识课”丛书基本忠实于联大课堂所讲内容，但形态已经不完全是讲义形态。

为了更清晰地表现通识课读本结构，我们对部分文章进行了重拟标题以及分节的处理，具体在书中以编者注的方式给予说明。

系列丛书所选教授均为西南联大在册教授，需要特别提及的是朱光潜先生。朱光潜先生受聘于联大外语系，实际未到联大任课。但作为美学大家，其理论、观点以及作品作为教材在联大被频繁使用。因此在《西南联大美学通识课》中，收录了朱光潜先生作品。

由于时代语言习惯不同形成的文字差异，编者对其按现今的使用方法作了统一处理。译名亦均改为现在标准的通用译名。

《西南联大美学通识课》一书以朱光潜、朱自清两位大师的讲义和学术成果组成，分上下两编构成整书。上编选用了朱光潜先生的作品，系统性论述美感来源、美的创造与欣赏；下编则选用朱自清先生的作品，对文艺美学进行专门论述。

代序

“慢慢走，欣赏啊！”

朱光潜

阿尔卑斯山谷中有一条大汽车路，两旁景物极美，路上插着一个标语牌劝告游人说：“慢慢走，欣赏啊！”许多人在这车如流水马如龙的世界过活，恰如在阿尔卑斯山谷中乘汽车兜风，匆匆忙忙地急驰而过，无暇一回首流连风景，于是这丰富华丽的世界便成为一个了无生趣的囚牢。这是一件多么可惋惜的事啊！

朋友，“慢慢走，欣赏啊！”

目　录

上编

朱光潜谈美

极平常的知觉都带有几分创造性；

极客观的东西之中都有几分主观的成分。

美也是如此。

有审美的眼睛才能见到美。

第一章

美之来源

朱光潜

悠悠的过去只是一片漆黑的天空，

我们所以还能认识出来这漆黑的天空者，

全赖思想家和艺术家所散布的几点星光。

朋友，让我们珍重这几点星光！

让我们也努力散布几点星光去照耀那和过去一般漆黑的未来！

朱光潜 （1897—1986） 西南联大外国语文学系教授

中国现代美学奠基人、文艺理论家、教育家、翻译家，曾任北京大学、四川大学、西南联大、武汉大学教授，并任中华全国美学学会名誉会长。代表作：《谈美》《给青年的十二封信》《西方美学史》。

美感的态度

一切事物都有几种看法。你说一件事物是美的或是丑的，这也只是一种看法。换一个看法，你说它是真的或是假的；再换一种看法，你说它是善的或是恶的。同是一件事物，看法有多种，所看出来的现象也就有多种。

比如园里那一棵古松，无论是你是我或是任何人一看到它，都说它是古松。但是你从正面看，我从侧面看，你以幼年人的心境去看，我以中年人的心境去看，这些情境和性格的差异都能影响到所看到的古松的面目。古松虽只是一件事物，你所看到的和我所看到的古松却是两件事。假如你和我各把所得的古松的印象画成一幅画或是写成一首诗，我们俩艺术手腕尽管不分上下，你的诗和画与我的诗和画相比较，却有许多重要的异点。这是什么缘故呢？这就由于知觉不完全是客观的，各人所见到的物的形象都带有几分主观的色彩。

假如你是一位木商，我是一位植物学家，另外一位朋友是画家，三人同时来看这棵古松。我们三人可以说同时都“知觉”到这一棵树，可是三人所“知觉”到的却是三种不同的东西。你脱离不了你的木商的心习，你所知觉到的只是一棵做某事用值几多钱的木料。我也脱离不了我的植物学家的心习，我所知觉到的只是一棵叶为针状、果为球状、四季常青的显花植物。我们的朋友——画家——什么事都不管，只管审美，他所知觉到的只是一棵苍翠劲拔的古树。我们三人的反应态度也不一致。你心里盘算它是宜于架屋或是制器，思量怎样去买它，砍它，运它。我把它归到某类某科里去，注意它和其他松树的异点，思量它何以活得这样老。我们的朋友却不这样东想西想，他只在聚精会神地观赏它的苍翠的颜色，它的盘曲如龙蛇的线纹，以及它的昂然高举、不受屈挠的气概。

从此可知这棵古松并不是一件固定的东西，它的形象随观者的性格和情趣而变化。各人所见到的古松的形象都是各人自己性格和情趣的返照。古松的形象一半是天生的，一半也是人为的。极平常的知觉都带有几分创造性；极客观的东西之中都有几分主观的成分。

美也是如此。有审美的眼睛才能见到美。这棵古松对于我们的画画的朋友是美的，因为他去看它时就抱了美感的态度。你和我如果也想见到它的美，你须得把你那种木商的实用的态度丢开，我须得把植物学家的科学的态度丢开，专持美感的态度去看它。

这三种态度有什么分别呢？

先说实用的态度。做人的第一件大事就是维持生活。既要生活，就要讲究如何利用环境。“环境”包含我自己以外的一切人和物在内，这些人和物有些对于我的生活有益，有些对于我的生活有害，有些对于我不关痛痒。我对于他们于是有爱恶的情感，有趋就或逃避的意志和活动。这就是实用的态度。实用的态度起于实用的知觉，实用的知觉起于经验。小孩子初出世，第一次遇见火就伸手去抓，被它烧痛了，以后他再遇见火，便认识它是什么东西，便明了它是烧痛手指的，火对于他于是有意义。事物本来都是很混乱的，人为便利实用起见，才像被火烧过的小孩子根据经验把四围事物分类立名，说天天吃的东西叫作“饭”，天天穿的东西叫作“衣”，某种人是朋友，某种人是仇敌，于是事物才有所谓“意义”。意义大半都起于实用。在许多人看，衣除了是穿的，饭除了是吃的，女人除了是生小孩的一类意义之外，便寻不出其他意义。所谓“知觉”，就是感官接触某种人或物时心里明了他的意义。明了他的意义起初都只是明了他的实用。明了实用之后，才可以对他起反应动作，或是爱他，或是恶他，或是求他，或是拒他。木商看古松的态度便是如此。

科学的态度则不然。它纯粹是客观的、理论的。所谓客观的态度就是把自己的成见和情感完全丢开，专以“无所为而为”的精神去探求真理。理论是和实用相对的。理论本来可以见诸实用，但是科学家的直接目的却不在于实用。科学家见到一个美人，不说我要去向她求婚，她可以替我生儿子，只说我看她这人很有趣味，我要来研究她的生理构造，分析她的心理组织。科学家见到一堆粪，不说它的气味太坏，我要掩鼻走开，只说这堆粪是一个病人排泄的，我要分析它的化学成分，看看有没有病菌在里面。科学家自然也有见到美人就求婚，见到粪就掩鼻走开的时候，但是那时候他已经由科学家还到实际人的地位了。科学的态度之中很少有情感和意志，它的最重要的心理活动是抽象的思考。科学家要在这个混乱的世界中寻出事物的关系和条理，纳个物于概念，从原理演个例，分出某者为因，某者为果，某者为特征，某者为偶然性。植物学家看古松的态度便是如此。

木商由古松而想到架屋、制器、赚钱等等，植物学家由古松而想到根茎花叶、日光水分等等，他们的意识都不能停止在古松本身上面。不过把古松当作一块踏脚石，由它跳到和它有关系的种种事物上面去。所以在实用的态度中和科学的态度中，所得到的事物的意象都不是孤立的、绝缘的，观者的注意力都不是专注在所观事物本身上面的。注意力的集中，意象的孤立绝缘，便是美感的态度的最大特点。比如我们的画画的朋友看古松，他把全副精神都注在松的本身上面，古松对于他便成了一个独立自足的世界。他忘记他的妻子在家里等柴烧饭，他忘记松树在植物教科书里叫作显花植物，总而言之，古松完全占领住他的意识，古松以外的世界他都视而不见、听而不闻了。他只把古松摆在心眼面前当作一幅画去玩味。他不计较实用，所以心中没有意志和欲念；他不推求关系、条理、因果等等，所以不用抽象的思考。这种脱净了意志和抽象思考的心理活动叫作“直觉”，直觉所见到的孤立绝缘的意象叫作“形象”。美感经验就是形象的直觉，美就是事物呈现形象于直觉时的特质。

实用的态度以善为最高目的，科学的态度以真为最高目的，美感的态度以美为最高目的。在实用的态度中，我们的注意力偏在事物对于人的利害，心理活动偏重意志；在科学的态度中，我们的注意力偏在事物间的互相关系，心理活动偏重抽象的思考；在美感的态度中，我们的注意力专在事物本身的形象，心理活动偏重直觉。真善美都是人所定的价值，不是事物所本有的特质。离开人的观点而言，事物都混然无别，善恶、真伪、美丑就漫无意义。真善美都含有若干主观的成分。

就“用”字的狭义说，美是最没有用处的。科学家的目的虽只在辨别真伪，他所得的结果却可效用于人类社会。美的事物如诗文、图画、雕刻、音乐等等都是寒不可以为衣，饥不可以为食的。从实用的观点看，许多艺术家都是太不切实用的人物。然则我们又何必来讲美呢？人性本来是多方的，需要也是多方的。真善美三者俱备才可以算完全的人。人性中本有饮食欲，渴而无所饮，饥而无所食，固然是一种缺乏；人性中本有求知欲而没有科学的活动，本有美的嗜好而没有美感的活动，也未始不是一种缺乏。真和美的需要也是人生中的一种饥渴——精神上的饥渴。疾病衰老的身体才没有口腹的饥渴。同理，你遇到一个没有精神上的饥渴的人或民族，你可以断定他的心灵已到了疾病衰老的状态。

人所以异于其他动物就是于饮食男女之外还有更高尚的企求，美就是其中之一。是壶就可以贮茶，何必又求它形式、花样、颜色都要好看呢？吃饱了饭就可以睡觉，何必又呕心血去作诗、画画、奏乐呢？“生命”是与“活动”同义的，活动愈自由，生命也就愈有意义。人的实用的活动全是有所为而为，是受环境需要限制的；人的美感的活动全是无所为而为，是环境不需要他活动而他自己愿去活动的。在有所为而为的活动中，人是环境需要的奴隶；在无所为而为的活动中，人是自己心灵的主宰。这是单就人说。就物说呢，在实用的和科学的世界中，事物都借着和其他事物发生关系而得到意义，到了孤立绝缘时就都没有意义；但是在美感的世界中它却能孤立绝缘，却能在本身现出价值。照这样看，我们可以说，美是事物的最有价值的一面，美感的经验是人生中最有价值的一面。

许多轰轰烈烈的英雄和美人都过去了，许多轰轰烈烈的成功和失败也都过去了，只有艺术作品真正是不朽的。数千年前的《采采卷耳》和《孔雀东南飞》的作者还能在我们心里点燃很强烈的火焰，虽然在当时他们不过是大皇帝脚下的不知名的小百姓。秦始皇并吞六国，统一车书；曹孟德带八十万人马下江东，舳舻千里，旌旗蔽空。这些惊心动魄的成败对于你有什么意义？对于我有什么意义？但是长城和《短歌行》对于我们还是很亲切的，还可以使我们心领神会这些骸骨不存的精神气魄。这几段墙在，这几句诗在，他们永远对于人是亲切的。由此类推，在几千年或是几万年以后看现在纷纷扰扰的“帝国主义”“反帝国主义”“主席”“代表”“电影明星”之类对于人有什么意义？我们这个时代是否也有类似长城和《短歌行》的纪念坊留给后人，让他们觉得我们也还是很亲切的么？悠悠的过去只是一片漆黑的天空，我们所以还能认识出来这漆黑的天空者，全赖思想家和艺术家所散布的几点星光。朋友，让我们珍重这几点星光！让我们也努力散布几点星光去照耀那和过去一般漆黑的未来！

节选自《谈美》，开明书店 1933 年初版

原题为“我们对于一棵古松的三种态度——实用的、科学的、美感的”

美感与快感

“美”字是不要本钱的。喝一杯滋味好的酒，你称赞它“美”；看见一朵颜色很鲜明的花，你称赞它“美”；碰见一位年轻姑娘，你称赞她“美”；读一首诗或是看一座雕像，你也还是称赞它“美”。这些经验显然不尽是一致的。究竟怎样才算“美”呢？一般人虽然不知道什么叫作“美”，但是都知道什么样就是愉快。拿一幅画给一个小孩子或是未受艺术教育的人看，征求他的意见，他总是说“很好看”。如果追问他：“它何以好看？”他不外是回答说：“我喜欢看它，看了它就觉得很愉快。”通常人所谓“美”大半就是指“好看”，指“愉快”。

不仅是普通人如此，许多声名煊赫的文艺批评家也把美感和快感混为一件事。英国十九世纪有一位学者叫作罗斯金，他著过几十册书谈建筑和图画，就曾经很坦白地告诉人说：“我从来没有看见过一座希腊女神雕像，有一位血色鲜丽的英国姑娘的一半美。”从愉快的标准看，血色鲜丽的姑娘引诱力自然是比女神雕像的大；但是你觉得一位姑娘“美”和你觉得一座女神雕像“美”时是否相同呢？《红楼梦》里的刘姥姥想来不一定有什么风韵，虽然不能邀罗斯金的青眼，在艺术上却仍不失其为美。一个很漂亮的姑娘同时做许多画家的“模特儿”，可是她的画像在一百张之中不一定有一张比得上伦勃朗（荷兰人物画家）的“老太婆”。英国姑娘的“美”和希腊女神雕像的“美”显然是两件事，一个是只能引起快感的，一个是只能引起美感的。罗斯金的错误在把英国姑娘的引诱性做“美”的标准，去测量艺术作品。艺术是另一世界里的东西，对于实际人生没有引诱性，所以他以为比不上血色鲜丽的英国姑娘。

美感和快感究竟有什么分别呢？有些人见到快感不尽是美感，替它们勉强定一个分别来，却又往往不符事实。英国有一派主张“享乐主义”的美学家就是如此。他们所见到的分别彼此又不一致。有人说耳、目是“高等感官”，其余鼻、舌、皮肤、筋肉等等都是“低等感官”，只有“高等感官”可以尝到美感，而“低等感官”则只能尝到快感。有人说引起美感的东西可以同时引起许多人的美感，引起快感的东西则对于这个人引起快感，对于那个人或引起不快感。美感有普遍性，快感没有普遍性。这些学说在历史上都发生过影响，如果分析起来，都是一钱不值。拿什么标准说耳、目是“高等感官”？耳、目得来的有些是美感，有些也只是快感，我们如何去分别？“客去茶香余舌本”“冰肌玉骨，自清凉无汗”等名句是否与“低等感官”不能得美感之说相容？至于普遍不普遍的话更不足为凭。口腹有同嗜，而艺术趣味却往往随人而异。陈年花雕是吃酒的人大半都称赞它美的，一般人却不能欣赏后期印象派的图画。我曾经听过一位很时髦的英国老太婆说道:“我从来没有见过比金字塔再拙劣的东西。”

从我们的立脚点看，美感和快感是很容易分别的。美感与实用活动无关，而快感则起于实际要求的满足。口渴时要喝水，喝了水就得到快感；腹饥时要吃饭，吃了饭也就得到快感。喝美酒所得的快感由于味感得到所需要的刺激，和饱食暖衣的快感同为实用的，并不是起于“无所为而为”的形象的观赏。至于看血色鲜丽的姑娘，可以生美感也可以不生美感。如果你觉得她是可爱的，给你做妻子你还不讨厌她，你所谓“美”就只是指合于满足性欲需要的条件，“美人”就只是指对于异性有引诱力的女子。如果你见了她不起性欲的冲动，只把她当作线纹匀称的形象看，那就和欣赏雕像或画像一样了。美感的态度不带意志，所以不带占有欲。在实际上性欲本能是一种最强烈的本能，看见血色鲜丽的姑娘而能“心如古井”地不动，只一味欣赏曲线美，是一般人所难能的。所以就美感说，罗斯金所称赞的血色鲜丽的英国姑娘对于实际人生距离太近，不一定比希腊女神雕像的价值高。

谈到这里，我们可以顺便地说一说弗洛伊德派心理学在文艺上的应用。大家都知道，弗洛伊德把文艺认为是性欲的表现。性欲是最原始最强烈的本能，在文明社会里，它受道德、法律种种社会的牵制，不能得到充分的满足，于是被压抑到“隐意识”里去成为“情意综”。但是这种被压抑的欲望还是要偷空子化装求满足。文艺和梦一样，都是带着假面具逃开意识检察的欲望。举一个例子来说，男子通常都特别爱母亲，女子通常都特别爱父亲。依弗洛伊德看，这就是性爱。这种性爱是反乎道德法律的，所以被压抑下去，在男子则成“俄狄浦斯情意综”，在女子则成“厄勒克特拉情意综”。这两个奇怪的名词是怎样讲呢？俄狄浦斯原来是古希腊的一个王子，曾于无意中弑父娶母，所以他可以象征子对于母的性爱。厄勒克特拉是古希腊的一个公主，她的母亲爱了一个男子把丈夫杀了，她怂恿她的兄弟把母亲杀了，替父亲报仇，所以她可以象征女对于父的性爱。在许多民族的神话里面，伟大的人物都有母而无父，耶稣和孔子就是著例，耶稣是上帝授胎的，孔子之母祷于尼丘而生孔子。在弗洛伊德派学者看，这都是“俄狄浦斯情意综”的表现。许多文艺作品都可以用这种眼光来看，都是被压抑的性欲因化装而得满足。

依这番话看，弗洛伊德的文艺观还是要纳到享乐主义里去，他自己就常喜欢用“快感原则”这个名词。在我们看，他的毛病也在把快感和美感混淆，把艺术的需要和实际人生的需要混淆。美感经验的特点在“无所为而为”地观赏形象。在创造或欣赏的一刹那中，我们不能仍然在所表现的情感里过活，一定要站在客位把这种情感当一幅意象去观赏。如果作者写性爱小说，读者看性爱小说，都是为着满足自己的性欲，那就无异于为着饥而吃饭，为着冷而穿衣，只是实用的活动而不是美感的活动了。文艺的内容尽管有关性欲，可是我们在创造或欣赏时却不能同时受性欲冲动的驱遣，须站在客位把它当作形象看。世间自然也有许多人喜欢看淫秽的小说去刺激性欲或是满足性欲，但是他们所得的并不是美感。弗洛伊德派学者的错处不在主张文艺常是满足性欲的工具，而在把这种满足认为美感。

美感经验是直觉的而不是反省的。在聚精会神之中我们既忘却自我，自然不能觉得我是否喜欢所观赏的形象，或是反省这形象所引起的是不是快感。我们对于一件艺术作品欣赏的浓度愈大，就愈不觉得自己是在欣赏它，愈不觉得所生的感觉是愉快的。如果自己觉得是快感，我便由直觉变而为反省，好比提灯寻影，灯到影灭，美感的态度便已失去了。美感所伴的快感，在当时都不觉得，到过后才回忆起来。比如读一首诗或是看一幕戏，当时我们只是心领神会，无暇他及，后来回想，才觉得这一番经验很愉快。

这个道理一经说破，本来很容易了解。但是许多人因为不明白这个很浅显的道理，遂走上迷路。近来德国和美国有许多研究“实验美学”的人就是如此。他们拿一些颜色、线形或是音调来请受验者比较，问他们喜欢哪一种，讨厌哪一种，然后做出统计来，说某种颜色是最美的，某种线形是最丑的。独立的颜色和画中的颜色本来不可相提并论。在艺术上部分之和并不等于全体，而且最易引起快感的东西也不一定就美。他们的错误是很显然的。

节选自《谈美》，开明书店 1933 年初版

原题为“希腊女神雕像和血色鲜丽的英国姑娘——美感与快感”

美感与联想

美感与快感之外，还有一个更易惹误解的纠纷问题，就是美感与联想。

什么叫作联想呢？联想就是见到甲而想到乙。甲唤起乙的联想通常不外起于两种原因：或是甲和乙在性质上相类似，例如看到春光想起少年，看到菊花想到节士；或是甲和乙在经验上曾相接近，例如看到扇子想起萤火虫，走到赤壁想起曹孟德或苏东坡。类似联想和接近联想有时混在一起，牛希济的“记得绿罗裙，处处怜芳草”两句词就是好例。词中主人何以“记得绿罗裙”呢？因为罗裙和他的欢爱者相接近。他何以“处处怜芳草”呢？因为芳草和罗裙的颜色相类似。

意识在活动时就是联想在进行，所以我们差不多时时刻刻都在起联想。听到声音知道说话的是谁，见到一个字知道它的意义，都是起于联想作用。联想是以旧经验诠释新经验，如果没有它，知觉、记忆和想象都不能发生，因为它们都得根据过去的经验。从此可知联想为用之广。

联想有时可用意志控制，作文构思时或追忆一时记不起的过去经验时，都是勉强把联想挤到一条路上去走。但是在大多数情境之中，联想是自由的、无意的、飘忽不定的。听课读书时本想专心，而打球、散步、吃饭、邻家的猫儿种种意象总是不由你自主地闯进脑里来，失眠时越怕胡思乱想，越禁止不住胡思乱想。这种自由联想好比水流湿、火就燥，稍有勾搭，即被牵绊，未登九天，已入黄泉。比如我现在从“火”字出发，就想到红、石榴、家里的天井、浮山、雷鲤的诗、鲤鱼、孔夫子的儿子等等，这个联想线索前后相承，虽有关系可寻，但是这些关系都是偶然的。我的“火”字的联想线索如此，换一个人或是我自己在另一时境，“火”字的联想线索却另是一样。从此可知联想的散漫飘忽。

联想的性质如此。多数人觉得一件事物美时，都是因为它能唤起甜美的联想。

在“记得绿罗裙，处处怜芳草”的人看，芳草是很美的。颜色心理学中有许多同类的事实。许多人对于颜色都有所偏好，有人偏好红色，有人偏好青色，有人偏好白色。据一派心理学家说，这都是由于联想作用。例如红是火的颜色，所以看到红色可以使人觉得温暖；青是田园草木的颜色，所以看到青色可以使人想到乡村生活的安闲。许多小孩子和乡下人看画，都只是喜欢它的花红柳绿的颜色。有些人看画，喜欢它里面的故事，乡下人喜欢把孟姜女、薛仁贵、桃园三结义的图糊在壁上做装饰，并不是因为那些木板雕刻的图好看，是因为它们可以提起许多有趣故事的联想。

这种脾气并不只是乡下人才有。我每次陪朋友们到画馆里去看画，见到他们所特别注意的第一是几张有声名的画，第二是有历史性的作品如耶稣临刑图、拿破仑结婚图之类，像伦勃朗所画的老太公、老太婆，和后期印象派的山水风景之类的作品，他们却不屑一顾。此外又有些人看画（和看一切其他艺术作品一样），偏重它所含的道德教训。理学先生看到裸体雕像或画像，都不免起若干嫌恶。记得詹姆斯在他的某一部书里说过有一次见一位老修道妇，站在一幅耶稣临刑图面前合掌仰视，悠然神往。旁边人问她那幅画何如，她回答说："美极了，你看上帝是多么仁慈，让自己的儿子去牺牲，来赎人类的罪孽！"

在音乐方面，联想的势力更大。多数人在听音乐时，除了联想到许多美丽的意象之外，便别无所得。他们喜欢这个调子，因为它使他们想起清风明月；不喜欢那个调子，因为它唤醒他们以往的悲痛的记忆。钟子期何以负知音的雅名？他听伯牙弹琴时，惊叹说："善哉！峨峨兮若泰山，洋洋兮若江河。"李颀在胡笳声中听到什么？他听到的是"空山百鸟散还合，万里浮云阴且晴"。白乐天在琵琶声中听到什么？他听到的是"银瓶乍破水浆迸，铁骑突出刀枪鸣"。苏东坡怎样形容洞箫？他说："其声呜呜然，如怨如慕，如泣如诉。余音袅袅，不绝如缕。舞幽壑之潜蛟，泣孤舟之嫠妇。"这些数不尽的例子都可以证明多数人欣赏音乐，都是欣赏它所唤起的联想。

联想所伴的快感是不是美感呢？

历来学者对于这个问题可分两派，一派的答案是肯定的，一派的答案是否定的。这个争辩就是在文艺思潮史中闹得很凶的形式和内容的争辩。依内容派说，文艺是表现情思的，所以文艺的价值要看它的情思内容如何而决定。第一流文艺作品都必有高深的思想和真挚的情感。这句话本来是不可辩驳的，但是侧重内容的人往往从这个基本原理抽出两个其他的结论。第一个结论是题材的重要。所谓题材就是情节。他们以为有些情节能唤起美丽堂皇的联想，有些情节只能唤起丑陋凡庸的联想。比如做史诗和悲剧，只应采取英雄为主角，不应采取愚夫愚妇。第二个结论就是文艺应含有道德的教训。读者所生的联想既随作品内容为转移，则作者应设法把读者引到正经路上去，不要用淫秽卑鄙的情节摇动他的邪思。这些学说发源较早，它们的影响到现在还是很大。从前人所谓“思无邪”“言之有物”“文以载道”，现在人所谓“哲理诗”“宗教艺术”“革命文学”等等，都是侧重文艺的内容和文艺的无关美感的功效。

这种主张在近代颇受形式派的攻击，形式派的标语是“为艺术而艺术”。他们说，两个画家同用一个模特儿，所成的画价值有高低；两个文学家同用一个故事，所成的诗文意蕴有深浅。许多大学问家、大道德家都没有成为艺术家，许多艺术家并不是大学问家、大道德家。从此可知艺术所以为艺术，不在内容而在形式。如果你不是艺术家，纵有极好的内容，也不能产生好作品出来；反之，如果你是艺术家，极平庸的东西经过灵心妙运点铁成金之后，也可以成为极好的作品。印象派大师如莫奈、凡·高诸人不是往往在一张椅子或是几间破屋之中表现一个情深意永的世界出来么？这一派学说到近代才逐渐占势力。在文学方面的浪漫主义，在图画方面的印象主义，尤其是后期印象主义，在音乐方面的形式主义，都是看轻内容的。单拿图画来说，一般人看画，都先问里面画的是什么，是怎样的人物或是怎样的故事。这些东西在术语上叫作“表意的成分”。近代有许多画家就根本反对画中有任何“表意的成分”。看到一幅画，他们只注意它的颜色、线纹和阴影，不问它里面有什么意义或是什么故事。假如你看到这派的作品，你起初只望见许多颜色凑合在一起，须费过一番审视和猜度，才知道所画的是房子或是崖石。这一派人是最反对杂联想于美感的。

这两派的学说都持之有故，言之成理，我们究竟何去何从呢？我们否认艺术的内容和形式可以分开来讲（这个道理以后还要谈到），不过关于美感与联想这个问题，我们赞成形式派的主张。

就广义说，联想是知觉和想象的基础，艺术不能离开知觉和想象，就不能离开联想。但是我们通常所谓联想，是指由甲而乙，由乙而丙，辗转不止的乱想。就这个普通的意义说，联想是妨碍美感的。美感起于直觉，不带思考，联想却不免带有思考。在美感经验中我们聚精会神于一个孤立绝缘的意象上面，联想则最易使精神涣散，注意力不专一，使心思由美感的意象旁迁到许多无关美感的事物上面去。在审美时我看到芳草就一心一意地领略芳草的情趣；在联想时我看到芳草就想到罗裙，又想到穿罗裙的美人，既想到穿罗裙的美人，心思就已不复在芳草了。

联想大半是偶然的。比如说，一幅画的内容是“西湖秋月”，如果观者不聚精会神于画的本身而信任联想，则甲可以联想到雷峰塔，乙可以联想到往日同游西湖的美人。这些联想纵然有时能提高观者对于这幅画的好感，画本身的美却未必因此而增加，而画所引起的美感则反因精神涣散而减少。

知道这番道理，我们就可以知道许多通常被认为美感的经验其实并非美感了。假如你是武昌人，你也许特别喜欢崔颢的《黄鹤楼》诗；假如你是陶渊明的后裔，你也许特别喜欢《陶渊明集》；假如你是道德家，你也许特别喜欢《打鼓骂曹》的戏或是韩退之的《原道》；假如你是古董贩，你也许特别喜欢河南新出土的龟甲文或是敦煌石室里面的壁画；假如你知道达·芬奇的声名大，你也许特别喜欢他的《蒙娜丽莎》。这都是自然的倾向，但是这都不是美感，都是持实际人的态度，在艺术本身以外求它的价值。

节选自《谈美》，开明书店 1933 年初版

原题为"'记得绿罗裙，处处怜芳草'——美感与联想"

美与自然

什么叫作美呢?

在一般人看，美是物所固有的。有些人物生来就美，有些人物生来就丑。比如称赞一个美人，你说她像一朵鲜花，像一颗明星，像一只轻燕，你绝不说她像一个布袋，像一头犀牛或是像一只癞蛤蟆。这就分明承认鲜花、明星和轻燕一类事物原来是美的，布袋、犀牛和癞蛤蟆一类事物原来是丑的。说美人是美的，也犹如说她是高是矮是肥是瘦一样，她的高矮肥瘦是她的星宿定的，是她从娘胎带来的，她的美也是如此，和你看者无关。这种见解并不限于一般人，许多哲学家和科学家也是如此想。所以他们费许多心力去实验最美的颜色是红色还是蓝色，最美的形体是曲线还是直线，最美的音调是G调还是F调。

但是这种普遍的见解显然有很大的难点，如果美本来是物的属性，则凡是长眼睛的人们应该都可以看到，应该都承认它美，好比一个人的高矮，有尺可量，是高大家就要都说高，是矮大家就要都说矮。但是美的估定就没有一个公认的标准。假如你说一个人美，我说她不美，你用什么方法可以说服我呢？有些人喜欢辛稼轩而讨厌温飞卿，有些人喜欢温飞卿而讨厌辛稼轩，这究竟谁是谁非呢？同是一个对象，有人说美，有人说丑。从此可知美本在物之说有些不妥了。

因此，有一派哲学家说美是心的产品。美如何是心的产品，他们的说法却不一致。康德以为美感判断是主观的而却有普遍性，因为人心的构造彼此相同。黑格尔以为美是在个别事物上见出“概念”或理想。比如你觉得峨眉山美，由于它表现“庄严”“厚重”的概念；你觉得《孔雀东南飞》美，由于它表现“爱”与“孝”两种理想的冲突。托尔斯泰以为美的事物都含有宗教和道德的教训。此外还有许多其他的说法。说法既不一致，就只有都是错误的可能而没有都是不错的可能，好比一个数学题生出许多不同的答数一样。大约哲学家们都犯过信理智的毛病，艺术的欣赏大半是情感的而不是理智的。在觉得一件事物美时，我们纯凭直觉，并不是在下判断，如康德所说的；也不是在从个别事物中见出普遍原理，如黑格尔、托尔斯泰一般人所说的。因为这些都是科学的或实用的活动，而美感并不是科学的或实用的活动。还不仅此，美虽不完全在物却亦非与物无关，你看到峨眉山才觉得庄严、厚重，看到一个小土墩却不能觉得庄严、厚重。从此可知物须先有使人觉得美的可能性，人不能完全凭心灵创造出美来。

依我们看，美不完全在外物，也不完全在人心，它是心物婚媾后所产生的婴儿。美感起于形象的直觉。形象属物却不完全属于物，因为无我即无由见出形象；直觉属我却又不完全属于我，因为无物则直觉无从活动。美之中要有人情也要有物理，二者缺一都不能见出美。再拿欣赏古松的例子来说，松的苍翠劲直是物理，松的清风亮节是人情。从“我”的方面说，古松的形象并非天生自在的，同是一棵古松，千万人所见到的形象就有千万不同，所以每个形象都是每个人凭着人情创造出来的，每个人所见到的古松的形象就是每个人所创造的艺术品，它有艺术品通常所具的个性，它能表现各个人的性分和情趣。从“物”的方面说，创造都要有创造者和所创造物，所创造物并非从无中生有，也要有若干材料，这材料也要有创造成美的可能性。松所生的意象和柳所生的意象不同，和癞蛤蟆所生的意象更不同。所以松的形象这一个艺术品的成功，一半是我的贡献，一半是松的贡献。

这里我们要进一步研究我与物如何相关了。何以有些事物使我觉得美，有些事物使我觉得丑呢？我们最好用一个浅例来说明这个道理。比如我们看下列六条垂直线，往往把它们看成三个柱子，觉得这三个柱子所围的空间（即 A 与 B、C 与 D 和 E 与 F 所围的空间）离我们较近，而 B 与 C 以及 D 与 E 所围的空间则看成背景，离我们较远。还不仅此，我们把这六条垂直线摆在一块看，它们仿佛自成一个谐和的整体；至于 G 与 H 两条没有规律的线则仿佛是这整体以外的东西，如果勉强把它搭上前面的六条线一块看，就觉得它不谐和。

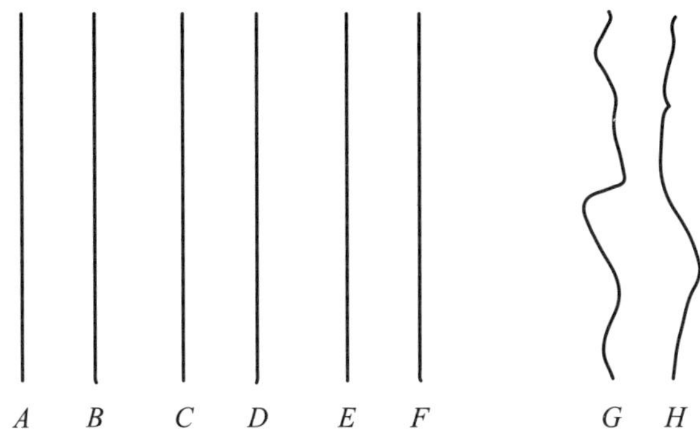

（1）A 与 B、C 与 D、E 与 F 距离都相等。

（2）B 与 C、D 与 E 距离相等，略大于 A 与 B 的距离。

（3）F 与 G 的距离较 B 与 C 的距离大。

（4）A、B、C、D、E、F 为六条平行垂线，G 与 H 为两条没有规律的线。

从这个有趣的事实，我们可以看出两个很重要的道理：

一、最简单的形象的直觉都带有创造性。把六条垂直线看成三个柱子，就是直觉到一种形象。它们本来同是垂直线，我们把 A 和 B 选在一块看，却不把 B 和 C 选在一块看；同是直线所围的空间，本来没有远近的分别，我们却把 AB 中空间看得近，把 BC 中空间看得远。从此可知在外物者原来的散漫混乱，经过知觉的综合作用，才现出形象来。形象是心灵从混乱的自然中所创造成的整体。

二、心灵把混乱的事物综合成整体的倾向却有一个限制，事物也要本来就有可综合为整体的可能性。A 至 F 六条线可以看成一个整体，G 与 H 两条线何以不能纳入这个整体里面去呢？这里我们很可以见出在觉美觉丑时心和物的关系。我们从左看到右时，看出 CD 和 AB 相似，DE 又和 BC 相似。这两种相似的感觉便在心中形成一个有规律的节奏，使我们预料此后都可由此例推，右边所有的线都顺着左边诸线的节奏。视线移到 EF 两线时，所预料的果然出现，EF 果然与 CD 也相似。预料之中，自然发生一种快感。但是我们再向右看，看到 G 与 H 两线时，就猛觉与前不同，不但 G 和 F 的距离猛然变大，原来是像柱子的平行垂直线，现在却是两条毫无规律的线。这是预料不中，所以引起不快感。因此 G 与 H 两线不但在物理方面和其他六条线不同，在情感上也和它们不能和谐，所以被摈于整体之外。

这里所谓“预料”自然不是有意的，好比深夜下楼一样，步步都踏着一步梯，就无意中预料以下都是如此，倘若猛然遇到较大的距离，或是踏到平地，才觉得这是出于意料。许多艺术都应用规律和节奏，而规律和节奏所生的心理影响都以这种无意的预料为基础。

懂得这两层道理，我们就可以进一步来研究美与自然的关系了。一般人常喜欢说“自然美”，好像以为自然中已有美，纵使没有人去领略它，美也还是在那里。这种见解就是我们在上文已经驳过的美本在物的说法。其实“自然美”三个字，从美学观点看，是自相矛盾的，是“美”就不“自然”，只是“自然”就还没有成为“美”。说“自然美”就好比说上文六条垂直线已有三个柱子的形象一样。如果你觉得自然美，自然就已经过艺术化，成为你的作品，不复是生糙的自然了。比如你欣赏一棵古松，一座高山，或是一湾清水，你所见到的形象已经不是松、山、水的本色，而是经过人情化的。各人的情趣不同，所以各人所得于松、山、水的也不一致。

流行语中有一句话说得极好：“情人眼底出西施。”美的欣赏极似

“柏拉图式的恋爱”。你在初尝恋爱的滋味时，本来也是寻常血肉做的女子却变成你的仙子。你所理想的女子的美点她都应有尽有。在这个时候，你眼中的她也不复是她自己原身而是经你理想化过的变形。你在理想中先酝酿成一个尽美尽善的女子，然后把她外射到你的爱人身上去，所以你的爱人其实不过是寄托精灵的躯骸。你只见到精灵，所以觉得无瑕可指；旁人冷眼旁观，只见到躯骸，所以往往诧异道：“他爱上她，真是有些奇怪。”一言以蔽之，恋爱中的对象是已经艺术化过的自然。

美的欣赏也是如此，也是把自然加以艺术化。所谓艺术化，就是人情化和理想化。不过美的欣赏和寻常恋爱有一个重要的异点。寻常恋爱都带有很强烈的占有欲，你既恋爱一个女子，就有意无意地存有“欲得之而甘心”的态度。美感的态度则丝毫不带占有欲。一朵花无论是生在邻家的园子里或是插在你自己的瓶子里，你只要能欣赏，它都是一样美。老子所说的“为而不恃，功成而不居”，可以说是美感态度的定义。古董商和书画金石收藏家大半都抱有“奇货可居”的态度，很少有能真正欣赏艺术的。我在上文说过，美的欣赏极似“柏拉图式的恋爱”，所谓“柏拉图式的恋爱”对于所爱者也只是无所为而为的欣赏，不带占有欲。这种恋爱是否可能，颇有人置疑，但是历史上有多少著例，凡是到极浓度的初恋者也往往可以达到胸无纤尘的境界。

节选自《谈美》，开明书店 1933 年初版

原题为“‘情人眼底出西施’——美与自然”

美在意象

一

有人问圣·奥古斯丁:“时间究竟是什么? ”他回答说:“你不问我，我本来很清楚地知道它是什么；你问我，我倒觉得茫然了。”世间许多习见周知的东西都是如此，最显著的就是“美”。我们天天都应用这个字，本来不觉得它有什么难解，但是哲学家们和艺术家们摸索了两三千年，到现在还没有寻到一个定论。听他们的争辩，我们不免越弄越糊涂。我们现在研究这个似乎易懂的字何以实在那么难懂?

我们说花红、胭脂红、人面红、血红、火红、衣服红、珊瑚红等等，红是这些东西所共有的性质。这个共同性可以用光学分析出来，说它是光波的一定长度和速度刺激视官所生的色觉。同样地，我们说花美、人美、风景美、声音美、颜色美、图画美、文章美等等，美也应该是所形容的东西所共有的属性。这个共同性究竟是什么呢？美学却没有像光学分析红色那样，把它很清楚地分析出来。

美学何以没有做到光学所做到的呢？美和红有一个重要的分别。红可以说是物的属性，而美很难说完全是物的属性。比如一朵花本来是红的，除开色盲，人人都觉得它是红的。至如说这朵花美，各人的意见就难得一致。尤其是比较新比较难的艺术作品不容易得一致的赞美。假如你说它美，我说它不美，你用什么精确的客观的标准可以说服我呢？美与红不同，红是一种客观的事实，或者说，一种自然的现象，美却不是自然的，多少是人凭着主观所定的价值。“主观”是最分歧、最渺茫的标准，所以向来对于美的审别，和对于美的本质的讨论，都非常分歧。如果人们对于美的见解完全是分歧的，美的审别完全是主观的、个别的，我们也就不把美的性质当作一个科学上的问题。因为科学目的在于杂多现象中寻求普遍原理，普遍原理都有几分客观性。美既然完全是主观的，没有普遍原理可以统辖它，它自然不能成为科学研究的对象了。但是事实又并不如此。关于美感，分歧之中又有几分一致，一个东西如果是美的，虽然不能使一切人都觉得美，却能使多数人觉得美。所以美的审别究竟还有几分客观性。

研究任何问题，都须先明白它的难点所在，忽略难点或是回避难点，总难得到中肯的答案。美的问题难点就在它一方面是主观的价值，一方面也有几分是客观的事实。历来讨论这个问题的学者大半只顾到某一方面而忽略另一方面，所以寻来寻去，终于寻不出美的真面目。

大多数人以为美纯粹是物的一种属性，正犹如红是物的另一种属性。换句话说，美是物所固有的，犹如红是物所固有的，无论有人观赏或没有人观赏，它永远存在那里。凡美都是自然美。从这个观点研究美学者往往从物的本身寻求产生美感的条件。比如就简单的线形说，柏拉图以为最美的线形是圆和直线，画家霍加斯（Hogarth）以为它是波动的曲线，据德国美学家斐西洛（Fechner）的实验，它是一般画家所说的“黄金分割”（golden section）即宽与长成 1 与 1.618 之比的长方形。希腊哲学家毕达哥拉斯（Pythagoras）以为美的线形和一切其他美的形象都必显得“对称”（symmetry），至于对称则起于数学的关系，所以美是一种数学的特质。近代数学家莱布尼兹（Leibniz）也是这样想，比如我们在听音乐时都在潜意识中比较音调的数量的关系，和谐与不和谐的分别即起于数量的配合匀称与不匀称。画家达·芬奇（Leonardo da Vinci）以为最美的人颜面与身材的长度应成一与十之比。每种艺术都有无数的传统的秘诀和信条，我们只略翻阅讨论各种艺术技巧的书籍，就可以看出在物的本身寻求美的条件的实例多至不胜枚举。这些条件也有为某种艺术所特有的，如上述线形美诸例；也有为一切艺术所共有的，如“寓整齐于变化”（unity in variety）、“全体一贯”（organic unity）、“入情入理”（verisimilitude）诸原则。一般人都以为一件事物如果使人觉得美时，它本身一定具有上述种种美的条件。

美的条件未尝与美无关，但是它本身不就是美，犹如空气含水分是雨的条件，但空气中的水分却不就是雨。其次，就上述线形美实验看，美的条件也言人人殊；就论各种艺术技巧的书籍看，美的条件是数不清的。把美的本质问题改为美的条件问题，不但是离开本题，而且愈难从纷乱的议论中寻出一个合理的结论。具有美的条件的事物仍然不能使一切人都觉得美。知道了什么是美的条件，创作家不就因而能使他的作品美，欣赏家也不就因而能领略一切作品的美。从此可知美不能完全当作一种客观的事实，主观的价值也是美的一个重要的成因。这就是说，艺术美不就是自然美，研究美不能像研究红色一样，专门在物本身着眼，同时还要着重观赏者在所观赏物中所见到的价值。我们只问“物本身如何才是美”还不够，另外还要问“物如何才能使人觉到美”或是“人在何种情形之下才估定一件事物为美”。

二

以上所说的在物本身寻求美的条件，是把艺术美和自然美混为一事，把美看成一种纯粹的客观的事实。此外有些哲学家专从价值着眼。所谓“价值”都是由物对于人的关系所发生出来的。比如说“善”（good）是人从伦理学、经济学种种实用观点所定的价值，“真”（truth）是人从科学和哲学观点所定的价值。“美”本来是人从艺术观点所定的价值，但是美学家们往往因为不能寻出美的特殊价值所在，便把它和“善”或“真”混为一事。

“善”最浅近的意义是“用”（useful）。凡是善，不是对于事物自身有实用，就是对于人生社会有实用。就广义说，美的嗜好是一种自然需要的满足，也还算是有用，也还是一种善。不过就狭义说，美并非实用生活所必需，与从实用观点所见到的“善”是两种不同的价值。许多人却把美看作一种从实用观点所见到的善。在色诺芬（Xenophon）的《席上谈》里有一段关于苏格拉底的趣事。有一次希腊举行美男子竞赛，当大家设筵庆贺胜利者时，苏格拉底站起来说最美的男子应该是他自己，因为他的眼睛像金鱼一样突出，最便于视；他的鼻孔阔大朝天，最便于嗅；他的嘴宽大，最便于饮食和接吻。这段故事对于美学有两重意义：第一，它显示一般人心中所以为美的大半是指有用的；第二，它也证明以实用标准定事物的美丑，实在不是一种精确的办法，苏格拉底所自夸的突眼、朝天鼻孔和大嘴虽然有用，仍然不能使他在美男子竞赛中得头等奖。

有一派哲学家把“美”和“真”混为一事。艺术作品本来脱离不去“真”，所谓“全体一贯”“入情入理”诸原则都是“真”的别名。但是艺术的真理或“诗的真理”（poetic truth）和科学的真理究竟是两回事。比如但丁的《神曲》或曹雪芹的《红楼梦》所表现的世界都全是想象的、虚构的，从科学观点看，都是不真实的。但是在这虚构的世界中，一切人物情境仍是入情入理，使人看到不觉其为虚构，这就是“诗的真理”。凡是艺术作品大半是虚构（fiction），但同时也都是名学家所说的假然判断（hypothetical judgment）。例如，“泰山为人”本不真实，但是“若泰山为人，则泰山有死”则有真实。艺术的虚构大半也是如此，都可以归纳成“若甲为乙，则甲为丙”的形式，我们不应该从科学观点讨论甲是否实为乙，只应问在“甲为乙”的假定之下，甲是否有为丙的可能。柏拉图和亚里士多德的争执即起于此种分别。柏拉图见到“甲为乙”是虚构，便说诗无真理；亚里士多德见到

"若甲为乙，则甲为丙"在名学上仍可成立，所以主张诗自有"诗的真理"。我们承认一切艺术都有"诗的真理"，因为假然判断仍有必然性与普遍性；但是否认"诗的真理"就是科学的真理，因为假然判断的根据是虚构的。

我们所说的不分美与真的哲学家们所指的"真"，并非"诗的真理"，而是科学或哲学的真理。多数唯心派哲学家都犯了这个毛病，尤其是黑格尔。据他说，"概念（idea）从感官所接触的事物中照耀出来，于是有美"，换句话说，美就是个别事物所现出的"永恒的理性"。美的特质为"无限"（infinitude）和"自由"（freedom）。自然是有限的，受必然律支配的，所以在美的等差中位置最低。同是自然事物所表现的"无限"和"自由"也有程度的差别，无生物不如生物，生物之中植物不如动物，而一般动物又不如人，美也随这个等差逐渐增高。最无限、最自由的莫如心灵，所以最高的美都是心灵的表现。模仿自然，绝不能产生最高的美，只有艺术里面有最高的美，因为艺术纯是心灵的表现。艺术与自然相反，它的目的就在超脱自然的限制而表现心灵的自由。它的位置高低就看它是否完全达到这个目的。诗纯是心灵的表现，受自然的限制最少，所以在艺术中位置最高；建筑受自然的限制最多，所以位置最低。

英国学者司特斯（Stace）在他的《美的意义》里附和黑格尔的学说而加以发挥。在他看，美也是概念的具体化。概念有三种。一种是"先经验的概念"（priori concepts），即康德所说的"范畴"，如时间、空间、因果、偏全、肯否等等，为一切知觉的基础，有它们才能有经验。一种是"后经验的知觉的概念"（empirical perceptual concepts），如人、马、黑、长等等。想到这种概念时，心里都要同时想到它们所代表的事物，所以不能脱离知觉。它们是知觉个别事物的基础，例如知觉马必用“马”的概念。另一种是“后经验的非知觉的概念”（empirical nonperceptual concepts），如自由、进化、文明、秩序、仁爱、和平等等。我们想到这些概念时，心中不必同时想到它们所代表的事物，所以是“非知觉的”，游离不着实际的。这种“后经验的非知觉的概念”表现于可知觉的个别事物时，于是有美。无论是自然或是艺术，在可以拿“美”字来形容时，后面都写有一种理想。不过这种理想须与它的符号（即个别事物）融化成天衣无缝，不像在寓言中符号和意义可以分立。

哲学家讨论问题，往往离开事实，架空立论，使人如堕五里雾中。我们常人虽无方法辩驳他们，心里却很知道自己的实际经验，并不像他们所说的那么一回事。美感经验是最直接的，不假思索的。看罗丹的《思想者》雕像，听贝多芬的交响曲，或是读莎士比亚的悲剧，谁先想到“自由”“无限”种种概念和理想，然后才觉得它美呢？“概念”“理想”之类抽象的名词都是哲学家们的玩意儿，艺术家们并不在这些上面劳心焦思。

三

统观以上种种关于美的见解，可以粗略地分为两类。一类是信任常识者所坚持的，着重客观的事实，以为美全是物的一种属性，艺术美也还是一种自然美，物自身本来就有美，人不过是被动的鉴赏者。一类是唯心派哲学家所主张的，着重主观的价值，以为美是一种概念或理想，物表现这种概念或理想，才能算是美，像休谟在他的《论文集》第二十二篇中所说的："美并非事物本身的属性，它只存在观赏者的心里。"我们已经说过，这两说都很难成立。如果美全在物，则物之美者人人应觉其为美，艺术上的趣味不应有很大的分歧；如果美全在心，则美成为一种抽象的概念，它何必附丽于物，固是问题，而且在实际上，我们审美并不想到任何抽象的概念。

我们介绍唯心派哲学家对于美的见解时，没有谈到康德，康德是同时顾到美的客观性与主观性两方面的，他的学说可以用两条原则概括起来：

1. 美感判断与名理判断不同，名理判断以普泛的概念为基础，美感判断以个人的目前感觉为基础，所以前者是客观的，后者是主观的。

2. 一般主观的感觉完全是个别的，随人随时而异。美感判断虽然是主观的，同时却像名理判断有普遍性和必然性。这种普遍性和必然性纯赖感官，不借助于概念。物使我觉其美时，我的心理机能（如想象、知解等）和谐地活动，所以发生不沾实用的快感。一人觉得美的，大家都觉得美（即所谓美感判断的必然性和普遍性），因为人类心理机能大半相同。

康德超出一般美学家，因为他抓住问题的难点，知道美感是主观的，凭借感觉而不假概念的；同时却又不完全是主观的，仍有普遍性和必然性。依他看，美必须借心才能感觉到，但物亦必须具有适合心理机能一个条件，才能使心感觉到美。不过康德对于美感经验中的心与物的关系似仍不甚了解。据他的解释，一个形象适合心理机能，与一种颜色适合生理机能，并无分别；心对美的形象，和视官对美的颜色一样，只处于感受的地位。这种感受是直接的，所以康德走到极端的形式主义，以为只有音乐与无意义的图案画之类，纯以形式直接地打动感官的东西才能有“纯粹的美”，至于带有实用联想的自然物和模仿自然的艺术都只能具“有依赖的美”，因为它们不是纯粹由感官直接感受而要借助于概念的。这种学说把诗、图画、雕刻、建筑一切含有意义或实用联想的艺术以及大部分自然都摈诸“纯粹的美”范围之外，显然不甚圆满。他所以走到极端的形式主义者，由于把美感经验中的心看作被动的感受者。

美不仅在物，亦不仅在心，它在心与物的关系上面；但这种关系并不如康德和一般人所想象的，在物为刺激，在心为感受，它是心借物的形象来表现情趣。世间并没有天生自在、俯拾即是的美，凡是美都要经过心灵的创造。在美感经验中，我们须见到一个意象或形象，这种“见”就是直觉或创造；所见到的意象须恰好传出一种特殊的情趣，这种“传”就是表现或象征。见出意象恰好表现情趣，就是审美或欣赏。创造是表现情趣于意象，可以说是情趣的意象化；欣赏是因意象而见情趣，可以说是意象的情趣化。美就是情趣意象化或意象情趣化时心中所觉到的“恰好”的快感。“美”是一个形容词，它所形容的对象不是生来就是名词的“心”或“物”，而是由动词变成名词的“表现”或“创造”。这番话较笼统，现在我们把它的涵义抽绎出来。

第一，我们这样地解释美的本质，不但可以打消美本在物及美全在心两个大误解，而且可以解决内容与形式的纠纷。从前学者有人主张美与内容有关，有人以为美全在形式，这问题闹得天昏地暗，到现在还是莫衷一是。“内容”“形式”两词的意义根本就很混沌，如果它们在艺术上有任何精确的意义，内容应该是情趣，形式应该是意象；前者为“被表现者”，后者为“表现媒介”。“未表现的”情趣和“无所表现的”意象都不是艺术，都不能算是美，所以“美在内容抑在形式”根本不成为问题。美既不在内容，也不在形式，而在它们的关系——表现——上面。

第二，我们这种见解看重美是创造出来的，它是艺术的特质，自然中无所谓美。在觉自然为美时，自然就已告成表现情趣的意象，就已经是艺术品。比如欣赏一棵古松，古松在成为欣赏对象时，绝不是一堆无所表现的物质，它一定变成一种表现特殊情趣的意象或形象。这种形象并不是一件天生自在、一成不变的东西。如果它是这样，则无数欣赏者所见到的形象必定相同。但在实际上甲与乙同在欣赏古松，所见到的形象却甲是甲乙是乙，所以如果两个人同时把它画出，结果是两幅不同的图画。从此可知各人所欣赏到的古松的形象其实是各人所创造的艺术品。它有艺术品所常具的个性，因为它是各人临时临境的性格和情趣的表现。古松好比一部词典，各人在这部词典里选择一部分词出来，表现他所特有的情思，于是有诗，这诗就是各人所见的古松的形象。你和我都觉得这棵古松美，但是它何以美？你和我所见到的却各不相同。一切自然风景都可以作如是观。陶潜在“悠然见南山”时，杜甫在见到“造化钟神秀，阴阳割昏晓”时，李白在觉得“相看两不厌，惟有敬亭山”时，辛弃疾在想到“我见青山多妩媚，料青山见我应如是”时，都觉得山美，但是山在他们心中所引起的意象和所表现的情趣都是特殊的。阿米儿（Amiel）说“一片自然风景就是一种心境”，惟其如此，它也就是一件艺术品。

第三，离开传达问题而专言美感经验，我们的学说否认创造和欣赏有根本上的差异。创造之中都寓有欣赏，欣赏之中也都寓有创造。比如陶潜在写“采菊东篱下，悠然见南山”那首诗时，先在环境中领略到一种特殊情趣，心里所感的情趣与眼中所见的意象卒然相遇，默然相契。这种契合就是直觉、表现或创造。他觉得这种契合有趣，就是欣赏。惟其觉得有趣，所以他借文字为符号把它留下印痕来，传达给别人看。这首诗印在纸上时只是一些符号。我如果不认识这些符号，它对于我就不是诗，我就不能觉得它美。印在纸上的或是听到耳里的诗还是生糙的自然，我如果要觉得它美，一定要认识这些符号，从符号中见出意象和情趣，换句话说，我要回到陶潜当初写这首诗时的地位，把这首诗重新在心中“再造”出来，才能够说欣赏。陶潜由情趣而意象而符号，我由符号而意象而情趣，这种进行次第先后容有不同，但是情趣意象先后之分究竟不甚重要，因为它们在分立时艺术都还没有成就，艺术的成就在情趣意象契合融化为一整体时。无论是创造者或是欣赏者都必见到情趣意象混化的整体（创造），同时也都必觉得它混化得恰好（欣赏）。

第四，我们的学说肯定美是艺术的特点。这是一般常识所赞助的结论，我们所以特别提出者，因为从托尔斯泰以后，有一派学者以为艺术与美毫无关系。托尔斯泰把艺术看成一种语言，是传达情感的媒介。这种见解与现代克罗齐、理查兹诸人的学说颇有不谋而合处。就“什么叫作艺术”这个问题的答案说，托尔斯泰实在具有特见。他的错误在没有懂得“什么叫作美”，他归纳许多十九世纪哲学家所下的美的定义说:“美是一种特殊的快感”。他接受了这个错误的美的定义，看见它与“艺术是传达情感的媒介”这个定义不相容，便说艺术的目的不在美。近来美国学者杜卡斯在他的《艺术哲学》里附和托尔斯泰，也陷于同样的错误。托尔斯泰和杜卡斯等人忘记情感是主观的，必客观化为意象，才可以传达出去。情趣和意象相契合混化，便是未传达以前的艺术，契合混化的恰当便是美。察觉到美寻常都伴着不沾实用的快感，但是这种快感是美的后效，并非美的本质。艺术的目的直接地在美，间接地在美所伴的快感。

节选自《文艺心理学》第十章《什么叫作美》

开明书店1936年初版，题目为编者所加

无言之美

孔子有一天突然很高兴地对他的学生说："予欲无言。"子贡就接着问他："子如不言，则小子何述焉？"孔子说："天何言哉？四时行焉，百物生焉，天何言哉？"

这段赞美无言的话，本来从教育方面着想。但是要明了无言的意蕴，宜从美术观点去研究。

言所以达意，然而意绝不是完全可以言达的。因为言是固定的、有迹象的，意是瞬息万变、缥缈无踪的；言是散碎的，意是混整的；言是有限的，意是无限的。以言达意，好像用继续的虚线画实物，只能得其近似。

所谓文学，就是以言达意的一种美术。在文学作品中，语言之先的意象，和情绪意旨所附丽的语言，都要尽美尽善，才能引起美感。

尽美尽善的条件很多。但是第一要不违背美术的基本原理，要“和自然逼真”（true to nature）。这句话讲得通俗一点，就是说美术作品不能说谎。不说谎包含有两种意义：一、我们所说的话，就恰似我们所想说的话。二、我们所想说的话，我们都吐肚子说出来了，毫无余蕴。

意既不可以完全达之以言，“和自然逼真”一个条件在文学上不是做不到么？或者我们问得再直接一点，假使语言文字能够完全传达情意，假使笔之于书的和存之于心的铢两悉称，丝毫不爽，这是不是文学上所应希求的一件事？

这个问题是了解文学及其他美术所必须回答的。现在我们姑且答道：文字语言固然不能全部传达情绪意旨，假使能够，也并非文学所应希求的。一切美术作品也都是这样，尽量表现，非唯不能，而也不必。

先从事实下手研究。譬如有一个荒村或任何物体，摄影家把它照一幅相，美术家把它画一幅画。这种相片和图画可以从两个观点去比较：第一，相片或图画，那一个较“和自然逼真”？不消说得，在同一视阈以内的东西，相片都可以包罗尽致，并且体积比例和实物都两两相称，不会有丝毫错误。图画就不然。美术家对一种境遇，未表现之先，先加一番选择。选择定的材料还须经过一番理想化，把美术家的人格参加进去，然后表现出来。所表现的只是实物一部分，就连这一部分也不必和实物完全一致。所以图画绝不能如相片一样“和自然逼真”。第二，我们再问，相片和图画所引起的美感那一个浓厚？所发生的印象那一个深刻？这也不消说，稍有美术口味的人都觉得图画比相片美得多。

文学作品也是同样。譬如《论语》，“子在川上曰：‘逝者如斯夫，不舍昼夜！’”几句话绝没完全描写出孔子说这番话时候的心境，而“如斯夫”三字更笼统，没有把当时的流水形容尽致。如果说详细一点，孔子也许这样说：“河水滚滚地流去，日夜都是这样，没有一刻停止。世界上一切事物不都像这流水时常变化不尽么？过去的事物不就永远过去绝不回头么？我看见这流水心中好不惨伤呀！……”但是纵使这样说去，还没有尽意。而比较起来，“逝者如斯夫，不舍昼夜！”九个字比这段长而臭的演义就值得玩味多了！在上等文学作品中，尤其在诗词中，这种言不尽意的例子处处都可以看见。譬如陶渊明的《时运》，“有风自南，翼彼新苗”;《读〈山海经〉》，“微雨从东来，好风与之俱”。本来没有表现出诗人的情绪，然而玩味起来，自觉有一种闲情逸致，令人心旷神怡。钱起的《省试湘灵鼓瑟》末二句，“曲终人不见，江上数峰青”，也没有说出诗人的心绪，然而一种凄凉惜别的神情自然流露于言语之外。此外像陈子昂的《登幽州台歌》，“前不见古人，后不见来者。念天地之悠悠，独怆然而泪下！”李白的《怨情》，“美人卷珠帘，深坐颦蛾眉。但见泪痕湿，不知心恨谁。”虽然说明了诗人的情感，而所说出来的多么简单，所含蓄的多么深远！再就写景说，无论何种境遇，要描写得惟妙惟肖，都要费许多笔墨。但是大手笔只选择两三件事轻描淡写一下，完全境遇便呈露眼前，栩栩如生。譬如陶渊明的《归园田居》，“方宅十余亩，草屋八九间。榆柳阴后檐，桃李罗堂前。暧暧远人村，依依墟里烟。狗吠深巷中，鸡鸣桑树颠。”四十字把乡村风景描写多么真切！再如杜工部的《后出塞》，“落日照大旗，马鸣风萧萧。平沙列万幕，部伍各见招。中天悬明月，令严夜寂寥。悲笳数声动，壮士惨不骄。”寥寥几句话，把月夜沙场状况写得多么有声有色。然而仔细观察起来，乡村景物还有多少为陶渊明所未提及，战地情况还有多少为杜工部所未提及。从此可知文学上我们并不以尽量表现为难能可贵。

在音乐里面，我们也有这种感想，凡是唱歌奏乐，音调由洪壮急促而变到低微以至于无声的时候，我们精神上就有一种沉默肃穆和平愉快的景象。白香山在《琵琶行》里形容琵琶声音暂时停顿的情况说：“冰泉冷涩弦凝绝，凝绝不通声暂歇。别有幽愁暗恨生，此时无声胜有声。”这就是形容音乐上无言之美的滋味。著名英国诗人济慈（Keats）在《希腊花瓶歌》也说，“听得见的声调固然幽美，听不见的声调尤其幽美”（Heard melodies are sweet；but those unheard are sweeter），也是说同样道理。大概喜欢音乐的人都尝过此中滋味。

就戏剧说，无言之美更容易看出。许多作品往往在热闹场中动作快到极重要的一点时，忽然万籁俱寂，现出一种沉默神秘的景象。梅特林克（Maeterlinck）的作品就是好例。譬如《青鸟》的布景，择夜阑人静的时候，使重要角色睡得很长久，就是利用无言之美的道理。梅氏并且说：“口开则灵魂之门闭，口闭则灵魂之门开。”赞无言之美的话不能比此更透辟了。莎士比亚的名著《哈姆雷特》一剧开幕便描写更夫守夜的状况，德林瓦特（Drinkwater）在其《林肯》中描写林肯在南北战争军事旁午的时候跪着默祷，王尔德（O.Wilde）的《温德梅尔夫人的扇子》里面描写温德梅尔夫人私奔在她的情人寓所等候的状况，都在兴酣局紧，心悬悬渴望结局时，放出沉默神秘的色彩，都足以证明无言之美的。近代又有一种哑剧和静的布景，或只有动作而无言语，或连动作也没有，就将靠无言之美引人入胜了。

雕刻塑像本来是无言的，也可以拿来说明无言之美。所谓无言，不一定指不说话，是注重在含蓄不露。雕刻以静体传神，有些是流露的，有些是含蓄的。这种分别在眼睛上尤其容易看见。中国有一句谚语说，“金刚怒目，不如菩萨低眉”，所谓怒目，便是流露；所谓低眉，便是含蓄。凡看低头闭目的神像，所生的印象往往特别深刻。最有趣的就是西洋爱神的雕刻，他们男女都是瞎了眼睛。这固然根据希腊的神话，然而实在含有美术的道理，因为爱情通常都在眉目间流露，而流露爱情的眉目是最难比拟的。所以索性雕成盲目，可以耐人寻思。当初雕刻家原不必有意为此，但这些也许是人类不用意识而自然碰的巧。

要说明雕刻上流露和含蓄的分别，希腊著名雕刻《拉奥孔》是最好的例子。相传拉奥孔犯了大罪，天神用了一种极残酷的刑法来惩罚他，遣了一条恶蛇把他和他的两个儿子在一块绞死了。在这种极刑之下，未死之前当然有一种悲伤惨戚目不忍睹的一顷刻，而希腊雕刻家并不擒住这一顷刻来表现，他只把将达苦痛极点前一顷刻的神情雕刻出来，所以他所表现的悲哀是含蓄不露的。倘若是流露的，一定带了挣扎呼号的样子。这个雕刻，一眼看去，只觉得他们父子三人都有一种难言之恫；仔细看去，便可发现条条筋肉根根毛孔都暗示一种极苦痛的神情。德国莱辛（Lessing）的名著《拉奥孔》就根据这个雕刻，讨论美术上含蓄的道理。

以上是从各种艺术中信手拈来的几个实例。把这些个别的实例归纳在一起，我们可以得一个公例，就是：拿美术来表现思想和情感，与其尽量流露，不如稍有含蓄；与其吐肚子把一切都说出来，不如留一大部分让欣赏者自己去领会。因为在欣赏者的头脑里所生的印象和美感，有含蓄比较尽量流露的还要更加深刻。换句话说，说出来的越少，留着不说的越多，所引起的美感就越大越深越真切。

这个公例不过是许多事实的总结束。现在我们要进一步求出解释这个公例的理由。我们要问何以说得越少，引起的美感反而越深刻？何以无言之美有如许势力？

想答复这个问题，先要明白美术的使命。人类何以有美术的要求？这个问题本非一言可尽。现在我们姑且说，美术是帮助我们超现实而求安慰于理想境界的。人类的意志可向两方面发展：一是现实界，一是理想界。不过现实界有时受我们的意志支配，有时不受我们的意志支配。譬如我们想造一所房屋，这是一种意志。要达到这个意志，必费许多力气去征服现实，要开荒辟地，要造砖瓦，要架梁柱，要赚钱去请泥水匠。这些事都是人力可以办到的，都是可以用意志支配的。但是现实界凡物皆向地心下坠一条定律，就不可以用意志征服。所以意志在现实界活动，处处遇障碍，处处受限制，不能圆满地达到目的，实际上我们的意志十之八九都要受现实限制，不能自由发展。譬如谁不想有美满的家庭？谁不想住在极乐国？然而在现实界绝没有所谓极乐美满的东西存在。因此我们的意志就不能不和现实发生冲突。

一般人遇到意志和现实发生冲突的时候，大半让现实征服了意志，走到悲观烦闷的路上去，以为件件事都不如人意，人生还有什么意味？所以堕落、自杀、逃空门种种的消极的解决法就乘虚而入了，不过这种消极的人生观不是解决意志和现实冲突最好的方法。因为我们人类生来不是懦弱者，而这种消极的人生观甘心让现实把意志征服了，是一种极懦弱的表示。

然则此外还有较好的解决法么？有的，就是我所谓超现实。我们处世有两种态度，人力所能做到的时候，我们竭力征服现实；人力莫可奈何的时候，我们就要暂时超脱现实，储蓄精力待将来再向他方面征服现实。超脱到哪里去呢？超脱到理想界去。现实界处处有障碍有限制，理想界是天空任鸟飞，极空阔极自由的；现实界不可以造空中楼阁，理想界是可以造空中楼阁的；现实界没有尽美尽善，理想界是有尽美尽善的。

姑取实例来说明。我们走到小城市里去，看见街道狭窄污浊，处处都是阴沟厕所，当然感觉不快，而意志立时就要表示态度。如果意志要征服这种现实哩，我们就要把这种街道房屋一律拆毁，另造宽大的马路和清洁的房屋。但是谈何容易？物质上发生种种障碍，这一层就不一定可以做到。意志在此时如何对付呢？他说：我要超脱现实，去在理想界造成理想的街道房屋来，把它表现在图画上，表现在雕刻上，表现在诗文上。于是结果有所谓美术作品。美术家成了一件作品，自己觉得有创造的大力，当然快乐已极。旁人看见这种作品，觉得它真美丽，于是也愉快起来了，这就是所谓美感。

因此美术家的生活就是超现实的生活，美术作品就是帮助我们超脱现实到理想界去求安慰的。换句话说，我们有美术的要求，就因为现实界待遇我们太刻薄，不肯让我们的意志推行无碍，于是我们的意志就跑到理想界去求慰情的路径。美术作品之所以美，就美在它能够给我们很好的理想境界。所以我们可以说，美术作品的价值高低就看它超现实的程度大小，就看它所创造的理想世界是阔大还是狭窄。

但是美术又不是完全可以和现实界绝缘的。它所用的工具，例如雕刻用的石头，图画用的颜色，诗文用的语言，都是在现实界取来的。它所用的材料，例如人物情状悲欢离合，也是现实界的产物。所以美术可以说是以毒攻毒，利用现实的帮助以超脱现实的苦恼。上面我们说过，美术作品的价值高低要看它超脱现实的程度如何。这句话应稍加改正，我们应该说，美术作品的价值高低，就看它能否借极少量的现实界的帮助，创造极大量的理想世界出来。

在实际上说，美术作品借现实界的帮助愈少，所创造的理想世界也因而愈大。再拿相片和图画来说明。何以相片所引起的美感不如图画呢？因为相片上一形一影，件件都是真实的，而且应有尽有，发泄无遗。我们看相片，种种形影好像钉子把我们的想象力都钉死了。看到相片，好像看到二五，就只能想到一十，不能想到其他数目。换句话说，相片把事物看得忒真，没有给我们以想象余地。所以相片只能抄写现实界，不能创造理想界。图画就不然。图画家用美术眼光，加一番选择的功夫，在一个完全境遇中选择了一小部事物，把它们又经过一番理想化，然后才表现出来。惟其留着一大部分不表现，欣赏者的想象力才有用武之地。想象作用的结果就是一个理想世界。所以图画所表现的现实世界虽极小而创造的理想世界则极大。孔子谈教育说："举一隅不以三隅反，则不复也。"相片是把四隅通举出来了，不要你劳力去"复"。图画就只举一隅，叫欣赏者加一番想象，然后

"以三隅反"。

流行语中有一句说："言有尽而意无穷。"无穷之意达之以有尽之言，所以有许多意，尽在不言中。文学之所以美，不仅在有尽之言，而尤在无穷之意。推广地说，美术作品之所以美，不是只美在已表现的一部分，尤其是美在未表现而含蓄无穷的一大部分，这就是本文所谓无言之美。

因此美术要和自然逼真一个信条应该这样解释：和自然逼真是要窥出自然的精髓所在，而表现出来；不是说要把自然当作一篇印版文字，很机械地抄写下来。

这里有一个问题会发生。假使我们欣赏美术作品，要注重在未表现而含蓄着的一部分，要超"言"而求"言外意"，各个人有各个人的见解，所得的言外意不是难免殊异么？当然，美术作品之所以美，就美在有弹性，能拉得长，能缩得短。有弹性所以不呆板。同一美术作品，你去玩味有你的趣味，我去玩味有我的趣味。譬如莎氏乐府所以在艺术上占极高位置，就因为各种阶级的人在不同的环境中都喜欢读他。有弹性所以不陈腐。同一美术作品，今天玩味有今天的趣味，明天玩味有明天的趣味。凡是经不得时代淘汰的作品都不是上乘。上乘文学作品，百读都令人不厌的。

就文学说，诗词比散文的弹性大；换句话说，诗词比散文所含的无言之美更丰富。散文是尽量流露的，愈发挥尽致，愈见其妙。诗词是要含蓄暗示，若即若离，才能引人入胜。现在一般研究文学的人都偏重散文，尤其是小说，对于诗词很疏忽。这件事实可以证明一般人文学欣赏力很薄弱。现在如果要提高文学，必先提高文学欣赏力；要提高文学欣赏力，必先在诗词方面特下功夫，把鉴赏无言之美的能力养得很敏捷。因此我很望文学创作者在诗词方面多努力，而学校国文课程中诗歌应该占一个重要的位置。

本文论无言之美，只就美术一方面着眼。其实这个道理在伦理哲学教育宗教及实际生活各方面，都不难发现。老子《道德经》开卷便说："道可道，非常道；名可名，非常名。"这就是说伦理哲学中有无言之美。儒家谈教育，大半主张潜移默化，所以拿时雨春风做比喻。佛教及其他宗教之能深入人心，也是借沉默神秘的势力。幼稚园创造者蒙台梭利利用无言之美的办法尤其有趣。在她的幼稚园里，教师每天趁儿童顽得很热闹的时候，猛然地在粉板上写一个"静"字，或奏一声琴。全体儿童于是都跑到自己的座位去，闭着眼睛蒙着头伏案假睡的姿势，但是他们不可睡着。几分钟后，教师又用很轻微的声音，从颇远的地方呼唤各个儿童的名字，听见名字的就要立刻醒起来。这就是使儿童可以在沉默中领略无言之美。

就实际生活方面说，世间最深切的莫如男女爱情。爱情摆在肚子里面比摆在口头上来得恳切。"齐心同所愿，含意俱未伸"和"更无言语空相觑"，比较"细语温存""怜我怜卿"的滋味还要更加甜蜜。英国诗人布莱克（Blake）有一首诗叫作《爱情之秘》（*Love's Secret*）里面说：

（一）

切莫告诉你的爱情，

爱情是永远不可以告诉的，

因为她像微风一样，

不作声不作气地吹着。

（二）

我曾经把我的爱情告诉而又告诉，

我把一切都披肝沥胆地告诉爱人了，

打着寒战，耸头发地告诉，

然而她终于离我去了！

（三）

她离我去了，

不多时一个过客来了，

不作声不作气地，只微叹一声，

便把她带去了。

这首短诗描写爱情上无言之美的势力，可谓透辟已极了。本来爱情完全是一种心灵的感应，其深刻处是老子所谓不可道不可名的。所以许多诗人以为“爱情”两个字本身就太滥太寻常太乏味，不能拿来写照男女间神圣真挚的情绪。

其实何止爱情？世间有许多奥妙，人心有许多灵悟，都非言语可以传达，一经言语道破，反如甘蔗渣滓，索然无味。这个道理还可以推到宇宙人生诸问题方面去。我们所居的世界是最完美的，就因为它是最不完美的。这话表面看去，不通已极，但是实在含有至理。假如世界是完美的，人类所过的生活，比好一点是神仙的生活，比坏一点就是猪的生活，便呆板单调已极，因为倘若件件都尽美尽善了，自然没有希望发生，更没有努力奋斗的必要。人生最可乐的就是活动所生的感觉，就是奋斗成功而得的快慰。世界既完美，我们如何能尝创造成功的快慰？这个世界之所以美满，就在有缺陷，就在有希望的机会，有想象的田地。换句话说，世界有缺陷，可能性（potentiality）才大。这种可能而未能的状况就是无言之美。世间有许多奥妙，要留着不说出；世间有许多理想，也应该留着不实现，因为实现以后，跟着“我知道了”的快慰便是“原来不过如是”的失望。

天上的云霞有多么美丽！风涛虫鸟的声息有多么和谐！用颜色来摹绘，用金石丝竹来比拟，任何美术家也是作践天籁，糟蹋自然！无言之美何限？让我这种拙手来写照，已是糟粕枯骸！这种罪过我要完全承认的。倘若有人骂我胡言乱道，我也只好引陶渊明的诗回答他说：“此中有真意，欲辨已忘言！”

1924 年仲冬脱稿于上虞白马湖畔

选自《西南联大语体文示范》，作家书屋 1944 年版

丑非不美

如果“美”的性质不易明白，“丑”的定义更难下得精确。“美”字的相反字是“不美”，“不美”却不一定就是“丑”。许多事物不能引起我们的好恶，我们对于它们只是漠不关心，它们对于我们也只是不美不丑。所以在美学中，“丑”不完全是消极的，应该有一种积极的意义。它的积极的意义是什么呢？

一般人所说的丑大半不外指“自然丑”的两种意义。它或是使人生不快感，如无规律的线形和嘈杂的声音；或是事物的变态，如人的残缺和树的臃肿。我们已经见过，这两种意义的“丑”与“艺术丑”之“丑”应该有分别，因为这些自然丑都可以化为艺术美。

此外“丑”对于一般人也许还另有一个意义，就是难了解欣赏的美。一位英国老太婆看见埃及的金字塔，很失望地说：“我向来没有见过比它更丑拙的东西！”一般人的艺术趣味大半是传统的、因袭的，他们对于艺术作品的反应，通常都沿着习惯养成的抵抗力最小的途径走。如果有一种艺术作品和他们的传统观念和习惯反应格格不入，那对于他们就是丑的。凡是新兴的艺术风格在初出世时都不免使人觉得丑，假古典派对于“哥特式”（gothic）艺术的厌恶，以及许多其他史例，都是明证。但是这种意义的“丑”起于观赏者的弱点，并非艺术本身的“丑”。

我们所要明白的就是艺术本身的“丑”究竟是怎么一回事。这个问题为许多近代美学家所争辩过。据克罗齐说，美是“成功的表现”（successful expression），丑是“不成功的表现”（unsuccessful expression）。这两句结论中第一句是我们所承认的，但是第二句关于“丑”的话却有一个大难点。把“丑”和“美”都摆在美学范围里并论时，就是承认“丑”和“美”同样是一种美感的价值。但是“不成功的表现”就不算是艺术，就是美感经验以外的东西，那么，“丑”（美感经验以外的价值）就不能和“美”（美感经验以内的价值）并列在同一个范围里面了。换句话说，是艺术就必定是美的，艺术范围之内不能有所谓“丑”，“艺术丑”这个名词就不能成立。如果我们全部接受克罗齐的美学，势必走到这种困境，因为克罗齐把美看成绝对的价值，不容有程度上的比较。

英国美学家鲍申葵在他的《美学三讲》里把这个困难说得最清楚：

> 情感表现于形象，于是有美。一件事物与美相冲突，或产生一种影响与美的影响恰相反者，这就是我们所谓的丑，它自身不是有表现性的形象，就是没有表现性的形象。如果它是没有表现性的形象，那么，就美感说，它就没有什么意义。如果它是有表现性的形象，那么，它就寓有一种情感，就落到美的范围以内了。

依鲍申葵说，丑的形象须同时似有表现性而实无表现性。它好像是表现一种情感，但是实在没有把它表现出来。它把想象引到一个方向去，同时又把想象的去路打断，好比闪烁很快的光，刚引起视觉活动，马上就强迫它停住，所以引起失望与不快感。有心要露出有表现性的样子，而实在空洞无所表现，于是有丑，所以丑只可以在虚伪的矫揉造作、貌似神非的艺术里发现。自然中不能有这种意义的丑，因为自然不能像人一样，有意地作表现的尝试。

依我们看，鲍申葵虽然明白"丑"的问题难点，他的答案却仍不甚圆满，因为他没有见到似有表现性而实无表现性的东西究竟还不是"表现"或艺术。既不是表现或艺术，它就要落到以讨论表现或艺术为职务的美学范围以外了。这种困难根本是从价值问题来的。如果承认美的价值是绝对的，那么，一个形象或有表现性，或无表现性。有表现性就是美，否则就只是“不美”，“丑”字在美学中便无地位。如果承认美的价值是有比较的，则表现在“恰到好处”这个理想之下可以有种种程度上的等差。愈离“恰到好处”的标准点愈远就愈近于丑。依这一说，“丑”“美”一样是美感范围以内的价值，它们的不同只是程度的而不是绝对的。我们相信这个解释是美丑问题难关的唯一出路。

节选自《文艺心理学》第十章《什么叫作美》

开明书店 1936 年初版，题目为编者所加

刚性美与柔性美

一

自然界事事物物都是理式的象征，都是共相的殊相，像柏拉图所比拟的，都是背后堤上的行人射在面前墙壁上的幻影。科学家、哲学家和美术家都想揭开自然之秘，在殊相中见出共相。但是他们的出发点不同，目的不同，因而在同一殊相中所见得的共相也不一致。

比如走进一个园子里，你抬头看见一只老鹰坐在苍劲的古松上向你瞪着雄赳赳的眼，回头又看见池边旖旎的柳枝上有一只娇滴滴的黄莺在那儿临风弄舌，这些不同的物件在你胸中所引起的情感是什么样的呢？依科学家看，松和柳同具“树”的共相，鹰和莺同具“鸟”的共相，然而在情感方面，老鹰却和古松同调，娇莺却和嫩柳同调。借用名学的术语在美术上来说，鹰和松同具一个美的共相，莺和柳又同具一个美的共相，它们所象征的全然不同，所引起的情调也不相同。倘若莺飞上古松的枝上，或是鹰栖在嫩柳的枝上，你登时就会发生不调和的感觉，虽然为变化出奇起见，这种不伦不类的配合有时也为艺术家所许可的。

自然界有两种美，老鹰古松是一种，娇莺嫩柳又是一种。倘若你细心体会，凡是配用“美”字形容的事物，不属于老鹰古松的一类，就属于娇莺嫩柳的一类，否则就是两类的混合。从前人有两句六言诗说：“骏马秋风冀北，杏花春雨江南。”这两句诗每句都只提起三个殊相，然而可象征一切美。你遇到任何美的事物，都可以拿它们做标准来分类。比如说峻崖，悬瀑，狂风，暴雨，沉寂的夜或是无垠的沙漠，垓下哀歌的项羽或是床头捉刀的曹操，你可以说这是“骏马秋风冀北”的美。比如说清风，皓月，暗香，疏影，青螺似的山光，媚眼似的湖水，葬花的林黛玉或是“侧帽饮水”的纳兰，你可以说这是“杏花春雨江南”的美。因为这两句诗每句都象征一种美的共相。

这两种美的共相是什么呢？定义正名向来是难事，但是形容词是容易找的。我说“骏马秋风冀北”时，你会想到“雄浑”“劲健”；我说“杏花春雨江南”时，你会想到“秀丽”“纤浓”。前者是“气概”，后者是“神韵”；前者是刚性美，后者是柔性美。

二

刚性美是动的，柔性美是静的。动如醉，静如梦。尼采在《悲剧之起源》里说艺术有两种，一种是醉的产品，音乐和跳舞是最显著的例；一种是梦的产品，一切造型艺术如图画、如雕刻都属这一类。他拿日神阿波罗和酒神狄俄倪索斯来象征这两种艺术。你看阿波罗的光辉那样热烈么？其实他的面孔比瞌睡汉还更恬静，世界一切色相得他的光才呈现，所以都是他在脑里梦出来的。诗人、画家和雕刻家的任务也和阿波罗一样，全是在造色相，换句话说，全是在做梦。狄俄倪索斯就完全相反。他要图刹那间的尽量的欢乐。在青葱茂密的葡萄丛里，看蝶在翩翩地飞，蜂在嗡嗡地响，他不由自主地把自己投在生命的狂澜里，放着嗓子狂歌，提着足尖乱舞。他固然没有造出阿波罗所造的那些恬静幽美的幻梦，那些光怪陆离的色相，可是他的歌和天地间生气相出息，他的舞和大自然的脉搏共起落，也是发泄，也是表现，总而言之，也是人生不可少的一种艺术。在尼采看，这两种相反的美熔于一炉，才产出希腊的悲剧。

尼采所谓狄俄倪索斯的艺术是刚性的，阿波罗的艺术是柔性的，其实在同一种艺术之中也有刚柔之别。比如说音乐，贝多芬的第三合奏曲和《热情曲》固然像狂风暴雨，极沉雄悲壮之致，而《月光曲》和第六合奏曲则温柔委婉，如悲如诉，与其谓为“醉”，不如谓为“梦”了。

三

艺术是自然和人生的返照，创作家往往因性格的偏向，而作品也因而畸刚或畸柔。米开朗琪罗在性格上和艺术上都是刚性美的极端的代表。你看他的《摩西》！火焰有比他的目光更烈的么？钢铁有比他的须髯更硬的么？你看他的《大卫》！他那副脑里怕藏着比亚力山大的更惊心动魄的雄图吧？他那只庞大的右臂迟一会儿怕要拔起喜马拉雅山去撞碎哪一个星球吧？亚当是上帝首创的人，可是要结识世界第一个理想的伟男子，你须得到罗马西斯丁教寺的顶壁上去物色，这一幅大气磅礴的《创世纪》，没有一个面孔不露着超人的意志，没有一条筋肉不鼓出海格立斯的气力。对这些原始时代的巨人，我们这些退化的侏儒只得自惭形秽，吐舌惊赞。可是凡是娘养的儿子也都不免感到一件缺憾——你看除德尔斐西比尔（Delphic Sibyl）以外，简直没有一个人像女子！你说那位是夏娃么？那位是马妥娜么？假如世界女子们都像那样犷悍，除着独身终身的米开朗琪罗以外的男子们还得把头罄低些呵！

雷阿那多·达·芬奇恰好替米开朗琪罗做一个反衬。假如亚当是男性美的象征，女性美的象征从米洛斯的维纳斯以后，就不得不推《蒙娜丽莎》了。那庄重中寓着妩媚的眼，那轻盈而神秘的笑，那丰润而灵活的手，艺术家们已摸索了不知几许年代，到达·芬奇才算寻出，这是多么大的一个成功！米开朗琪罗画夏娃和圣母，像他画亚当一样，都是用他雕大卫和摩西的那一副手腕，始终脱不去那种峥嵘巍峨的气象。达·芬奇的天才是比较的多方面的，他的世界中固然也有些魁梧奇伟的男子，可是他的特长确为佩特所说的，全在“能勾魂”（fascinating），而他所以“能勾魂”，则全在能摄取女性中最令人留恋的特质表现在幕布上。藏在日内瓦的那幅《施洗者圣约翰》活像女子化身固不用说，连藏在卢佛尔宫的那幅《酒神》也只是一位带醉的《蒙娜丽莎》。再看《最后的晚餐》中的耶稣！他披着发，低着眉，在慈祥的面孔中现出悲哀和恻隐，而同时又毫没有失望的神采，除着抚慰病儿的慈母以外，你在哪里能寻出他的“模特儿”呢？

四

中国古代哲人观察宇宙似乎全都从美术家的观点出发，所以他们在万殊中所见得的共相为“阴”与“阳”。《易经》和后来纬学家把万事万物都归原到两仪四象，其所用标准，就是我们把老鹰配古松、娇莺配嫩柳所用的标准。这种观念在一般人脑里印得很深，所以历来艺术家对于刚柔两种美分得很严。在诗方面有李、杜与王、韦之别，在词方面有苏、辛与温、李之别，在画方面有石涛、八大与六如、十洲之别，在书法方面有颜、柳与褚、赵之别。这种分别常与地域有关系，大约北人偏刚，南人偏柔，所以艺术上的南北派已成为柔性派与刚性派的别名。清朝阳湖派和桐城派对于文章的争执也就在对于刚柔的嗜好不同。姚姬传《复鲁絜非书》是讨论刚柔两种美的文字中最好的一篇，他说：

自诸子而降，其为文无有弗偏者。其得于阳与刚之美者，刚其文如霆如电，如长风之出谷，如崇山峻崖，如决大河，如奔骐骥；其光也如杲日，如火，如金镠铁；其于人也如凭高视远，如君而朝万众，如鼓万勇士而战之。其得于阴与柔之美者，则其文如升初日，如清风，如云，如霞，如烟，如幽林曲涧，如沦，如漾，如珠玉之辉，如鸿鹄之鸣而入寥廓；其于人也漻乎其如叹，邈乎其如有思，暖乎其如喜，愀乎其如悲。观其文，讽其音，则为文者之性情形状举以殊焉。

统观全局，中国的艺术是偏于柔性美的。中国诗人的理想境界大半是清风、皓月、疏林、幽谷之类。环境越静越好，生活也越闲越好。他们很少肯跳出那“方宅十余亩，草屋八九间”的宇宙，而凭视八荒，遥听诸星奏乐者。他们以“乐天安命”为极大智慧，随贝雅特丽齐上窥华严世界，已嫌多事，至于为着毕尝人生欢娱，穷探地狱秘奥，不惜同恶魔定卖魂约，更忒不安分守己了。因此，他们的诗也大半是微风般的荡漾，轻燕般的呢喃。过激烈的颜色、过激烈的声音和过激烈的情感都是使他们畏避的。他们描写月的时候百倍于描写日；纵使描写日，也只能烘染朝曦九照，遇着盛夏正午烈火似的太阳，可就要逃到北窗下高卧，做他的羲皇上人了。司空图《二十四诗品》中只有“雄浑”“劲健”“豪放”“悲慨”四品算是刚性美，其余二十品都偏于阴柔。我读《旧约·约伯记》，莎士比亚的《哈雷姆特》，弥尔顿的《失乐园》诸作，才懂得西方批评学者所谓“宇宙的情感”

(cosmic emotion)。回头在中国文学中寻实例，除着《逍遥游》，《齐物论》，《论语·子在川上》章，陈子昂《登幽州台歌》，李白《日出东方隈》诸作以外，简直想不出其他具有“宇宙的情感”的文字。西方批评学者向以 sublime 为最上品的刚性美，而这个字不特很难应用来说中国诗，连一个恰当的译词也不易得。“雄浑”“劲健”“庄严”诸词都只能得其片面的意义。中国艺术缺乏刚性美在音乐方面尤易见出，比如弹七弦琴，尽管你意在高山，意在流水，它都是一样单调。

抽象立论时，常容易把分别说得过于清楚。刚柔虽是两种相反的美，有时也可以混合调和，在实际上，老鹰有栖柳枝的时候，娇莺有栖古松的时候，也犹如男子中之有杨六郎，女子中之有麦克白夫人，西子湖滨之有两高峰，西伯利亚荒原之有明媚的贝加尔。说李太白专以雄奇擅长么？他的《闺怨》《长相思》《清平调》诸作之艳丽微婉，亦何减于《金荃》《浣花》？说陶渊明专从朴茂清幽入胜么？“纵浪大化中，不喜亦不惧”，又是何等气概？西方古典主义的理想向重和谐匀称，庄严中寓纤丽，才称上乘，到浪漫派才肯畸刚畸柔。中国向来论文的人也赞扬“柔亦不茹，刚亦不吐”，所以姚姬传说，“唯圣人之言统二气之会而弗偏”。比如书法，汉魏六朝人的最上作品如《夏承碑》《瘗鹤铭》《石门铭》诸碑，都能于气势中寓姿韵，亦雄浑，亦秀逸，后来偏刚者为柳公权之脱皮露骨，偏柔者如赵孟頫之弄态作媚，已渐流入下乘了。

节选自《朱光潜全集》第八卷，原题为“两种美”

艺术和实际人生的距离

有几件事实我觉得很有趣，不知道你有同感没有？

我的寓所后面有一条小河通莱茵河。我在晚间常到那里散步一次，走成了习惯，总是沿东岸去，过桥沿西岸回来。走东岸时我觉得西岸的景物比东岸的美；走西岸时适得其反，东岸的景物比西岸的美。对岸的草木房屋固然比较这边的美，但是它们又不如河里的倒影。同是一棵树，看它的正身本极平凡，看它的倒影却带有几分另一世界的色彩。我平时又喜欢看烟雾朦胧的远树，大雪笼盖的世界和更深夜静的月景。本来是习见不以为奇的东西，让雾、雪、月盖上一层白纱，便见得很美丽。

北方人初看到西湖，平原人初看到峨眉，虽然审美力薄弱的村夫，也惊讶它们的奇景；但在生长在西湖或峨眉的人除了以居近名胜自豪以外，心里往往觉得西湖和峨眉实在也不过如此。新奇的地方都比熟悉的地方美，东方人初到西方，或是西方人初到东方，都往往觉得面前景物件件值得玩味。本地人自以为不合时尚的服装和举动，在外方人看，却往往有一种美的意味。

古董癖也是很奇怪的。一个周朝的铜鼎或是一个汉朝的瓦瓶在当时也不过是盛酒盛肉的日常用具，在现在却变成很稀有的艺术品。固然有些好古董的人是贪它值钱，但是觉得古董实在可玩味的人却不少。我到外国人家去时，主人常喜欢拿一点中国东西给我看。这总不外瓷罗汉、蟒袍、渔樵耕读图之类的装饰品，我看到每每觉得羞涩，而主人却诚心诚意地夸奖它们好看。

种田人常羡慕读书人，读书人也常羡慕种田人。竹篱瓜架旁的黄粱浊酒和朱门大厦中的山珍海鲜，在旁观者所看出来的滋味都比当局者亲口尝出来的好。读陶渊明的诗，我们常觉到农人的生活真是理想的生活，可是农人自己在烈日寒风之中耕作时所尝到的况味，绝不似陶渊明所描写的那样闲逸。

人常是不满意自己的境遇而羡慕他人的境遇，所以俗话说，“家花不如野花香”。人对于现在和过去的态度也有同样的分别。本来是很酸辛的遭遇到后来往往变成很甜美的回忆。我小时在乡下住，早晨看到的是那几座茅屋，几畦田，几排青山，晚上看到的也还是那几座茅屋，几畦田，几排青山，觉得它们真是单调无味，现在回忆起来，却不免有些留恋。

这些经验你一定也注意到的。它们是什么缘故呢？

这全是观点和态度的差别。看倒影，看过去，看旁人的境遇，看稀奇的景物，都好比站在陆地上远看海雾，不受实际的切身的利害牵绊，能安闲自在地玩味目前美妙的景致。看正身，看现在，看自己的境遇，看习见的景物，都好比乘海船遇着海雾，只知它妨碍呼吸，只嫌它耽误程期，预兆危险，没有心思去玩味它的美妙。持实用的态度看事物，它们都只是实际生活的工具或障碍物，都只能引起欲念或嫌恶。要见出事物本身的美，我们一定要从实用世界跳开，以“无所为而为”的精神欣赏它们本身的形象。总而言之，美和实际人生有一个距离，要见出事物本身的美，须把它摆在适当的距离之外去看。

再就上面的实例说，树的倒影何以比正身美呢？它的正身是实用世界中的一片段，它和人发生过许多实用的关系。人一看见它，不免想到它在实用上的意义，发生许多实际生活的联想。它是避风息凉的或是架屋烧火的东西。在散步时我们没有这些需要，所以就觉得它没有趣味。倒影是隔着一个世界的，是幻境的，是与实际人生无直接关联的。我们一看到它，就立刻注意到它的轮廓线纹和颜色，好比看一幅图画一样。这是形象的直觉，所以是美感的经验。总而言之，正身和实际人生没有距离，倒影和实际人生有距离，美的差别即起于此。

同理，游历新境时最容易见出事物的美，习见的环境都已变成实用的工具。比如我久住在一个城市里面，出门看见一条街就想到朝某方向走是某家酒店，朝某方向走是某家银行；看见了一座房子就想到它是某个朋友的住宅，或是某个总长的衙门。这样的“由盘而之钟”，我的注意力就迁到旁的事物上去，不能专心致志地看这条街或是这座房子究竟像个什么样子。在崭新的环境中，我还没有认识事物的实用的意义，事物还没有变成实用的工具，一条街还只是一条街而不是到某银行或某酒店的指路标，一座房子还只是某颜色某线形的组合而不是私家住宅或是总长衙门，所以我能见出它们本身的美。

一件本来惹人嫌恶的事情，如果你把它推远一点看，往往可以成为很美的意象。卓文君不守寡，私奔司马相如，陪他当垆卖酒。我们现在把这段情史传为佳话。我们读李长吉的“长卿怀茂陵，绿草垂石井。弹琴看文君，春风吹鬓影”几句诗，觉得它是多么幽美的一幅画！但是在当时人看，卓文君失节却是一件秽行丑迹。袁子才尝刻一方“钱塘苏小是乡亲”的印，看他的口吻是多么自豪！但是钱塘苏小究竟是怎样的一个伟人？她原来不过是南朝一个妓女。和这个妓女同时的人谁肯攀她做“乡亲”呢？当时的人受实际问题的牵绊，不能把这些人物的行为从极繁复的社会信仰和利害观念的圈套中划出来，当作美丽的意象来观赏。我们在时过境迁之后，不受当时的实际问题的牵绊，所以能把它们当作有趣的故事来谈。它们在当时和实际人生的距离太近，到现在则和实际人生距离较远了，好比经过一些年代的老酒，已失去它的原来的辣性，只留下纯淡的滋味。

一般人迫于实际生活的需要，都把利害认得太真，不能站在适当的距离之外去看人生世相，于是这丰富华严的世界，除了可效用于饮食男女的营求之外，便无其他意义。他们一看到瓜就想它是可以摘来吃的，一看到漂亮的女子就起性欲的冲动。他们完全是占有欲的奴隶。花长在园里何尝不可以供欣赏？他们却喜欢把它摘下来挂在自己的襟上或是插在自己的瓶里。一个海边的农夫逢人称赞他的门前海景时，便很羞涩地回过头来指着屋后一园菜说：“门前虽没有什么可看的，屋后这一园菜却还不差。”许多人如果不知道周鼎汉瓶是很值钱的古董，我相信他们宁愿要一个不易打烂的铁锅或瓷罐，不愿要那些不能煮饭藏菜的破铜破铁。这些人都是不能在艺术品或自然美和实际人生之中维持一种适当的距离。

艺术家和审美者的本领就在能不让屋后的一园菜压倒门前的海景，不拿盛酒盛菜的标准去估定周鼎汉瓶的价值，不把一条街当作到某酒店和某银行去的指路标。他们能跳开利害的圈套，只聚精会神地观赏事物本身的形象。他们知道在美的事物和实际人生之中维持一种适当的距离。

我说“距离”时总不忘冠上“适当的”三个字，这是要注意的。“距离”可以太过，可以不及。艺术一方面要能使人从实际生活牵绊中解放出来，一方面也要使人能了解，能欣赏。“距离”不及，容易使人回到实用世界；“距离”太远，又容易使人无法了解欣赏。这个道理可以拿一个浅例来说明。

王渔洋的《秋柳诗》中有两句说：“相逢南雁皆愁侣，好语西乌莫夜飞。”在不知这诗的历史的人看来，这两句诗是漫无意义的，这就是说，它的距离太远，读者不能了解它，所以无法欣赏它。《秋柳诗》原来是悼明亡的，“南雁”是指国亡无所依附的故旧大臣，“西乌”是指有意屈节降清的人物。假使读这两句诗的人自己也是一个“遗老”，他对于这两句诗的情感一定比旁人较能了解。但是他不一定能取欣赏的态度，因为他容易看这两句诗而自伤身世，想到种种实际人生问题上面去，不能把注意力专注在诗的意象上面，这就是说，《秋柳诗》对于他的实际生活距离太近了，容易把他由美感的世界引回到实用的世界。

许多人喜欢从道德的观点来谈文艺，从韩昌黎的“文以载道”说起，一直到现代“革命文学”以文学为宣传的工具止，都是把艺术硬拉回到实用的世界里去。一个乡下人看戏，看见演曹操的角色扮老奸巨猾的样子惟妙惟肖，不觉义愤填胸，提刀跳上舞台，把他杀了。从道德的观点评艺术的人们都有些类似这位杀曹操的乡下佬，义气虽然是义气，无奈是不得其时，不得其地。他们不知道道德是实际人生的规范，而艺术是与实际人生有距离的。

艺术须与实际人生有距离，所以艺术与极端的写实主义不相容。写实主义的理想在妙肖人生和自然，但是艺术如果真正做到妙肖人生和自然的境界，总不免把观者引回到实际人生，使他的注意力旁迁于种种无关美感的问题，不能专心致志地欣赏形象本身的美。比如裸体女子的照片常不免容易刺激性欲，而裸体雕像如《密罗斯爱神》，裸体画像如法国安格尔的《汲泉女》，都只能令人肃然起敬。这是什么缘故呢？这就是因为照片太逼肖自然，容易像实物一样引起人的实用的态度；雕刻和图画都带有若干形式化和理想化，都有几分不自然，所以不易被人误认为实际人生中的一片段。

艺术上有许多地方，乍看起来，似乎不近情理。古希腊和中国旧戏的角色往往戴面具，穿高底鞋，表演时用歌唱的声调，不像平常说话。埃及雕刻对于人体加以抽象化，往往千篇一律。波斯图案画把人物的肢体加以不自然的扭曲，中世纪“哥特式”诸大教寺的雕像把人物的肢体加以不自然的延长。中国和西方古代的画都不用远近阴影，这种艺术上的形式化往往遭浅人唾骂，它固然时有流弊，其实也含有至理。这些风格的创始者都未尝不知道它不自然，但是他们的目的正在使艺术和自然之中有一种距离。说话不押韵，不论平仄，作诗却要押韵，要论平仄，道理也是如此。艺术本来是弥补人生和自然缺陷的。如果艺术的最高目的仅在妙肖人生和自然，我们既已有人生和自然了，又何取乎艺术呢?

艺术都是主观的，都是作者情感的流露，但是它一定要经过几分客观化。艺术都要有情感，但是只有情感不一定就是艺术。许多人本来是笨伯而自信是可能的诗人或艺术家，他们常埋怨道:“可惜我不是一个文学家，否则我的生平可以写成一部很好的小说。”富于艺术材料的生活何以不能产生艺术呢?艺术所用的情感并不是生糙的而是经过反省的。蔡琰在丢开亲生子回国时绝写不出《悲愤诗》，杜甫在“入门闻号咷，幼子饥已卒”时绝写不出《自京赴奉先县咏怀五百字》。这两首诗都是“痛定思痛”的结果。艺术家在写切身的情感时，都不能同时在这种情感中过活，必定把它加以客观化，必定由站在主位的尝受者退为站在客位的观赏者。一般人不能把切身的经验放在一种距离以外去看，所以情感尽管深刻，经验尽管丰富，终不能创造艺术。

节选自《谈美》，开明书店 1933 年初版

原题为“‘当局者迷，旁观者清’——艺术和实际人生的距离”

宇宙的人情化

庄子与惠子游于濠梁之上。

庄子曰："鲦鱼出游从容，是鱼乐也！"

惠子曰："子非鱼，安知鱼之乐？"

庄子曰："子非我，安知我不知鱼之乐？"

这是《庄子·秋水》篇里的一段故事，是你平时所欢喜玩味的。我现在借这段故事来说明美感经验中一个极有趣味的道理。

我们通常都有"以己度人"的脾气，因为有这个脾气，对于自己以外的人和物才能了解。严格地说，各个人都只能直接地了解他自己，都只能知道自己处某种境地，有某种知觉，生某种情感。至于知道旁人旁物处某种境地、有某种知觉、生某种情感时，则是凭自己的经验推测出来的。比如我知道自己在笑时心里欢喜，在哭时心里悲痛，看到旁人笑也就以为他心里欢喜，看见旁人哭也以为他心里悲痛。我知道旁人旁物的知觉和情感如何，都是拿自己的知觉和情感来比拟的。我只知道自己，我知道旁人旁物时是把旁人旁物看成自己，或是把自己推到旁人旁物的地位。庄子看到鲦鱼“出游从容”便觉得它乐，因为他自己对于“出游从容”的滋味是有经验的。人与人，人与物，都有共同之点，所以他们都有互相感通之点。假如庄子不是鱼就无从知鱼之乐，每个人就要各成孤立世界，和其他人物都隔着一层密不通风的墙壁，人与人以及人与物之中便无心灵交通的可能了。

这种“推己及物”“设身处地”的心理活动不尽是有意的，出于理智的，所以它往往发生幻觉。鱼没有反省的意识，是否能够像人一样“乐”，这种问题大概在庄子时代的动物心理学也还没有解决，而庄子硬拿“乐”字来形容鱼的心境，其实不过把他自己的“乐”的心境外射到鱼的身上罢了，他的话未必有科学的谨严与精确。我们知觉外物，常把自己所得的感觉外射到物的本身上去，把它误认为物所固有的属性，于是本来在我的就变成在物的了。比如我们说“花是红的”时，是把红看作花所固有的属性，好像是以为纵使没有人去知觉它，它也还是在那里。其实花本身只有使人觉到红的可能性，至于红却是视觉的结果。红是长度为若干的光波射到眼球网膜上所生的印象。如果光波长一点或是短一点，眼球网膜的构造换一个样子，红的色觉便不会发生。患色盲的人根本就不能辨别红色，就是眼睛健全的人在薄暮光线暗淡时也不能把红色和绿色分得清楚，从此可知严格地说，我们只能说“我觉得花是红的”。我们通常都把“我觉得”三字略去而直说“花是红的”，于是在我的感觉遂被误认为在物的属性了。日常对于外物的知觉都可作如是观。“天气冷”其实只是“我觉得天气冷”，鱼也许和我不一致；“石头太沉重”其实只是“我觉得它太沉重”，大力士或许还嫌它太轻。

云何尝能飞？泉何尝能跃？我们却常说云飞泉跃。山何尝能鸣？谷何尝能应？我们却常说山鸣谷应。在说云飞泉跃、山鸣谷应时，我们比说花红石头重，又更进一层了。原来我们只把在我的感觉误认为在物的属性，现在我们却把无生气的东西看成有生气的东西，把它们看作我们的侪辈，觉得它们也有性格，也有情感，也能活动。这两种说话的方法虽不同，道理却是一样，都是根据自己的经验来了解外物。这种心理活动通常叫作“移情作用”。

“移情作用”是把自己的情感移到外物身上去，仿佛觉得外物也有同样的情感。这是一个极普通的经验。自己在欢喜时，大地山河都在扬眉带笑；自己在悲伤时，风云花鸟都在叹气凝愁。惜别时蜡烛可以垂泪，兴到时青山亦觉点头。柳絮有时“轻狂”，晚峰有时“清苦”。陶渊明何以爱菊呢？因为他在傲霜残枝中见出孤臣的劲节。林和靖何以爱梅呢？因为他在暗香疏影中见出隐者的高标。

从这几个实例看，我们可以看出移情作用是和美感经验有密切关系的。移情作用不一定就是美感经验，而美感经验却常含有移情作用。美感经验中的移情作用不单是由我及物的，同时也是由物及我的；它不仅把我的性格和情感移注于物，同时也把物的姿态吸收于我。所谓美感经验，其实不过是在聚精会神之中，我的情趣和物的情趣往复回流而已。

姑先说欣赏自然美。比如我在观赏一棵古松，我的心境是什么样的状态呢？我的注意力完全集中在古松本身的形象上，我的意识之中除了古松的意象之外，一无所有。在这个时候，我的实用的意志和科学的思考都完全失其作用，我没有心思去分别我是我而古松是古松。古松的形象引起清风亮节的类似联想，我心中便隐约觉到清风亮节所常伴着的情感。因为我忘记古松和我是两件事，我就于无意之中把这种清风亮节的气概移置到古松上面去，仿佛古松原来就有这种性格。同时我又不知不觉地受古松的这种性格影响，自己也振作起来，模仿它那一副苍老劲拔的姿态。所以古松俨然变成一个人，人也俨然变成一棵古松。真正的美感经验都是如此，都要达到物我同一的境界，在物我同一的境界中，移情作用最容易发生，因为我们根本就不分辨所生的情感到底是属于我还是属于物的。

再说欣赏艺术美，比如说听音乐。我们常觉得某种乐调快活，某种乐调悲伤。乐调自身本来只有高低、长短、急缓、宏纤的分别，而不能有快乐和悲伤的分别。换句话说，乐调只能有物理而不能有人情。我们何以觉得这本来只有物理的东西居然有人情呢？这也是由于移情作用。这里的移情作用是如何起来的呢？音乐的命脉在节奏。节奏就是长短、高低、急缓、宏纤相继承的关系。这些关系前后不同，听者所费的心力和所用的心的活动也不一致。因此听者心中自起一种节奏和音乐的节奏相平行。听一曲高而缓的调子，心力也随之做一种高而缓的活动；听一曲低而急的调子，心力也随之做一种低而急的活动。这种高而缓或是低而急的心力活动，常蔓延浸润到全部心境，使它变成和高而缓的活动或是低而急的活动相同调，于是听者心中遂感觉一种欢欣鼓舞或是抑郁凄恻的情调。这种情调本来属于听者，在聚精会神之中，他把这种情调外射出去，于是音乐也就有快乐和悲伤的分别了。

再比如说书法。书法在中国向来自成艺术，和图画有同等的身份，近来才有人怀疑它是否可以列于艺术，这般人大概是看到西方艺术史中向来不留位置给书法，所以觉得中国人看重书法有些离奇。其实书法可列于艺术，是无可置疑的。它可以表现性格和情趣。颜鲁公的字就像颜鲁公，赵孟頫的字就像赵孟頫。所以字也可以说是抒情的，不但是抒情的，而且是可以引起移情作用的。横直钩点等等笔画原来是墨涂的痕迹，它们不是高人雅士，原来没有什么“骨力”、“姿态”、“神韵”和“气魄”。但是在名家书法中我们常觉到“骨力”、“姿态”、“神韵”和“气魄”。我们说柳公权的字“劲拔”，赵孟頫的字“秀媚”，这都是把墨涂的痕迹看作有生气有性格的东西，都是把字在心中所引起的意象移到字的本身上面去。

移情作用往往带有无意的模仿。我在看颜鲁公的字时，仿佛对着巍峨的高峰，不知不觉地耸肩聚眉，全身的筋肉都紧张起来，模仿它的严肃；我在看赵孟頫的字时，仿佛对着临风荡漾的柳条，不知不觉地展颐摆腰，全身的筋肉都松懈起来，模仿它的秀媚。从心理学看，这本来不是奇事。凡是观念都有实现于运动的倾向。念到跳舞时脚往往不自主地跳动，念到“山”字时口舌往往不由自主地说出“山”字。通常观念往往不能实现于动作者，由于同时有反对的观念阻止它。同时念到打球又念到泅水，则既不能打球，又不能泅水。如果心中只有一个观念，没有旁的观念和它对敌，则它常自动地现于运动。

聚精会神看赛跑时，自己也往往不知不觉地弯起胳膊动起脚来，便是一个好例。在美感经验之中，注意力都是集中在一个意象上面，所以极容易起模仿的运动。

移情的现象可以称之为“宇宙的人情化”，因为有移情作用然后本来只有物理的东西可具人情，本来无生气的东西可有生气。从理智观点看，移情作用是一种错觉，是一种迷信。但是如果把它勾销，不但艺术无由产生，即宗教也无由出现。艺术和宗教都是把宇宙加以生气化和人情化，把人和物的距离以及人和神的距离都缩小。它们都带有若干神秘主义的色彩。所谓神秘主义其实并没有什么神秘，不过是在寻常事物之中见出不寻常的意义。这仍然是移情作用。从一草一木之中见出生气和人情以至于极玄奥的泛神主义，深浅程度虽有不同，道理却是一样。

美感经验既是人的情趣和物的姿态的往复回流，我们可以从这个前提中抽出两个结论来：

一、物的形象是人的情趣的返照。物的意蕴深浅和人的性分密切相关。深人所见于物者亦深，浅人所见于物者亦浅。比如一朵含露的花，在这个人看来只是一朵平常的花，在那个人看或以为它含泪凝愁，在另一个人看或以为它能象征人生和宇宙的妙谛。一朵花如此，一切事物也是如此。因我把自己的意蕴和情趣移于物，物才能呈现我所见到的形象。我们可以说，各人的世界都由各人的自我伸张而成。欣赏中都含有几分创造性。

二、人不但移情于物，还要吸收物的姿态于自我，还要不知不觉地模仿物的形象。所以美感经验的直接目的虽不在陶冶性情，而却有陶冶性情的功效。心里印着美的意象，常受美的意象浸润，自然也可以少存些浊念。苏东坡诗说：“宁可食无肉，不可居无竹。无肉令人瘦，无竹令人俗。”竹不过是美的形象之一种，一切美的事物都有不令人俗的功效。

节选自《谈美》，开明书店 1933 年初版

原题为“‘子非鱼，安知鱼之乐？’——宇宙的人情化”

第二章

色彩、形体和声音

朱光潜

叔本华把音乐认为最高的艺术，

因为其他艺术只能表现意象世界，

而音乐则为意志的外射。

图画所不能描绘的，语言所不能传达的，

音乐往往能曲尽其蕴。

颜色美

拿科学方法来做美学的实验从德国心理学家斐西洛（Fechner，1801—1887）起，所以实验美学的历史还不到一百年。这样短的时间中当然难有很大的收获，不过就已得的结果说，它对于理论方面有时也颇有帮助。理论上许多难题将来也许可以在实验方面寻得解决，所以实验美学特别值得注意。我们在以下三章中约述近代美学对于色、形、声的实验。

实验美学在理论上有许多困难，这是我们不容讳言的。第一，美的欣赏是一种完整的经验，而科学方法要知道某特殊现象恰起于某特殊原因，却不得不把这种完整的经验打破，去仔细分析它的成分。譬如一幅画所表现的是一个完整的境界，它所以美也就美在这完整的境界，其中各部分者因全体而得意义。实验美学格于科学方法，不能很笼统地拿全幅画来做对象，须把它分析为若干颜色、若干形体、若干光影，然后再问它们对于观者所生的心理影响如何。但是独立的颜色、形体和光景是一回事，在图画中颜色、形体和光影又是一回事。全体和部分相匀称、调和才能引起美感，把全体拆碎而只研究部分，则美已无形消失。总之，艺术作品的各部分之和并不能等于全体，而实验美学却须于部分之和求全体，所以结果有时靠不住。把全幅画拆碎而单论某形某色以寻美之所在，也犹如把整个的人剖开而单论手足脏腑以求生命之所在，同是一样荒谬。因此，文学家和艺术家听到心理学家把文艺作品拿到实验室里去分析，往往嗤笑他们愚昧。在他们看，文艺作品都带有几分飘忽的神秘性，不是科学所能捉摸到的。拿科学来讨论文艺，好比拿灯光来寻阴影。

第二，各个人不一定都知道什么叫作“美”，但是各个人都知道什么叫作“愉快”。拿一幅画给一个小孩子或是一个乡下人看，问他的意见如何，他说“很好看”。他所谓“很好看”就是指“美”么？如果追问他一句：“它为什么好看？”他说：“我喜欢看它，看了它我就觉得愉快。”通常人所谓“美”大半都是指“愉快”，他看得很惬意，所以就说是“美”。心理学家的毛病也往往就在不分“美”与“愉快”，所以在实验时不问：“你觉得它美么？”只问：“你喜欢它么？看见它觉得愉快么？”本来一般人不明白“美”和“愉快”的分别，你就是问到美不美，他心里也还是只想到愉快不愉快，所以心理学家就是换个字样来问，也并无济于事。美感虽是快感，而快感却不一定是美感。实验心理学只能研究某种颜色、某种形体或是某种声音最能引起快感，却不能因而就断定它就是美。如果他这样断定，他就不免堕入“享乐派美学”的谬误了。

我们研究近代美学实验时，心里应时常记起这两个要点。在我们看，近代许多实验都忽视了这两个要点，所以它们的结果对于普通心理学虽然重要，而对于文艺心理学则只能供给一点聊助参考的材料。

我们先讲颜色。在图画、服装、器皿和自然景物之中，颜色都是很重要的成分。近代画家对于颜色和线形的重要争论极烈。佛罗伦萨派颇重线形的布置，以为图画的要务在制图；威尼斯派和印象派都偏重颜色的配合，以为图画的要务在着色。颜色所生的影响随人而异，甲喜欢红色，乙喜欢绿色，各有各的偏好。这种偏好是怎样起来的呢？颜色心理学所要研究的就是这个问题。概括地说，颜色的偏好一半起于生理作用，一半起于心理作用。

生理的组织不同，颜色所生的影响也就随之而异。同是一个颜色，合于某个人、某民族或是在某年龄的生理组织，不必合于另一个人、另一民族或是另一年龄的生理组织，所以甲喜欢它而乙嫌恶它。从前心理学家大半以为颜色的偏好全起于心理的联想作用。例如红是火的颜色，所以看到红色可以使人觉得温暖；青是田园草木的颜色，所以看到青色可以使人学得平静。这种联想作用我们在下文还要详论，它自然可以解释一部分的事实，但是有些颜色的偏好却与联想无关。初出世的婴儿没有多少联想，可是他对于颜色也有偏好。据拉塔（Latta）教授的实验，有一个生来盲目者后来经医生施用手术，把障膜割去，第一次张眼看世界，见到红色就觉得愉快，见到黄色就发晕。这绝不是联想作用可以解释的。动物对于颜色也有偏好，阿米巴避红光不避绿光，就是一个好例。有一位科学家曾经用同数蚯蚓摆在中有一孔相通的两个盒子里，一个盒子含红光，一个盒子含绿光。他每点钟开盒检点一次，发现绿光盒的蚯蚓逐渐爬到红光盒里去。他又用同样方法证明蚯蚓喜欢青色甚于喜欢绿色。这样低等的动物在生理方面都有适应颜色的生理组织，在人类自不用说了。

据一般实验的结果，儿童大半喜欢极鲜明的颜色，红、黄两色是一般儿童的偏好。实验时大半用两种颜色纸或木块摆在儿童面前，看他伸手抓某种颜色，就把它记录下来。实验的次数愈多，结果自然也愈可靠。每两种颜色至少须实验两次，第二次须把左右的位置互换，因为在右手方的颜色比左手方的被抓的机会较大。瓦伦汀（Valentine）教授曾经用下列方法实验一个三月半的孩子。他把孩子摆在褥子上，自己用两手执两个着色的羊毛球站在他面前一英尺[①]半路的地方让他看。他看到孩子的眼球向某颜色移转，就告诉助手把该颜色记下。他的眼球转去时，他又叫助手记录下来，把每转动的时间也记着。每一对颜色都给他看两次，每次的左右的次序不同，都以两分钟为限。隔一天他又另换一对颜色试试。总共他用了九种颜色，作了七十二次实验，所以每种颜色都和其他八种颜色相对比较过。他把孩子看每种颜色的各次的时间总数相加起来，和他看其余八种颜色各项的时间总数相较，得到下列的百分比：黄，百分之八十；白，百分之七十四；淡红，百分之七十二；红，百分之四十五；棕，百分之三十七；黑，百分之三十五；蓝，百分之二十九；青，百分之二十八；紫，百分之九。最鲜明的（就是含白的成分最多的）颜色都列在前面。

① 约为 0.3 米。——编者注

年龄渐大，颜色的偏好也渐改变。比利时心理学者在安特卫普城各学校实验儿童的色觉，发现四岁至九岁的儿童最爱红色，九岁以上的儿童最爱绿色。文齐（Winch）在伦敦实验过二千学童（从七岁至十五岁），叫他们顺自己的嗜好把黑、白、红、青、黄、绿六种颜色列出次第来，发现男生的平均次第为绿、红、青、黄、白、黑，女生的平均次第为绿、红、白、青、黄、黑。再就年龄的差异说，最幼的多爱红色，较长的多爱绿色，和比利时的结果相符合。在婴儿时期，颜色的偏好可以说全由生理作用；年龄渐长，联想作用便逐渐渗入。据实验的结果，乡间儿童比城里儿童较爱青色，这有一部分由于青色和草木的联想；女孩比男孩较爱白色，也由于白色和清洁的联想。

愈近成年期，颜色的偏好就愈受联想作用的影响，所以对于成人的颜色实验颇非易事。据实验的结果，美国大学生偏好白、红、黄三色；英国男子爱好颜色的次第为青、绿、红、白、黄、黑，女子的次第为绿、青、白、红、黄、黑。这两种结果显然互相冲突。这或因为种族和区域的差异。南欧和热带的人所好的颜色较鲜明，北欧和寒带的人所好的颜色较暗淡。这种分别只要拿意大利画和荷兰画相较，或是拿热带人的衣服和寒带人的衣服相较，便易见出。

各民族感觉颜色的能力往往随文化程度而变迁。希腊《荷马史诗》中有“黄”字和“红”字，有意义较暧昧的“青”字，没有“蓝”字和“棕”字。在中国古书中，依我所记得的，“蓝”字最早见于《荀子》（“青出于蓝”）。其他各国古书中“蓝”字也少见。据近代学者的调查，许多蒙昧民族（例如 Madras 的 Uralis 和 Sholagas 两民族及 Mutray 岛人）的语言中都只有“红”字和“黄”字，没有“蓝”

字，“青”字也很少见。因此有人以为“蓝”的色觉起来最迟。婴儿在九岁以下都不好蓝色，也许与种族史有关。至于迟起的原因有人以为是生理的。较原始的民族的眼膜“黄点”的色斑较强，蓝色光和青色光到眼膜时就被它吸收了。有人以为它是心理的。原始的民族不很注意青、蓝二色，所以没有替它们起名字。

颜色的偏好不仅因种族和年龄而异，就是在同一种族、同一年龄的人也有差别。以前各种实验大半都是窥测大多数人的普遍倾向，首先顾到色觉的个别的差异者要推布洛（Bullough）。他的实验结果是对于美学颇有贡献的，不像从前的实验把“美”和“愉快”混为一谈，在一切颜色实验中它最为重要。他的方法和从前所用的也微有不同。从前人大半取两种或数种颜色叫受验者看，问他偏好哪一种。布洛每次只取一种颜色给受验者看，问他喜欢不喜欢，并且要他说出缘故来。他先后实验过四十三个成年人，每人都看过三十种颜色。结果他发现人在色觉方面可分为四类。

一、客观类（objective type）：这一类人看颜色只注意到它是否鲜明、是否饱和、是否纯粹。他的态度是理智的、批评的，不杂有丝毫情感的成分。他看到一种颜色，立刻就去分析它，看它的成分如何，有没有旁的颜色夹杂在内。他对于颜色的欣赏力最薄弱，对于许多颜色都不表好恶，听到旁人说某种颜色美，某种颜色丑，他只觉得茫然。他心中也有所谓“好颜色”，但是大半只指纯粹、饱和的颜色。他好像严守义法的批评家，拿预定的标准来批评颜色的好坏。

二、生理类（physiological type）：这一类人看颜色，偏重它的生理的影响。他说：“我喜欢这种颜色，因为它很温和，看起来眼睛很爽快；我不喜欢那种颜色，因为它刺激太烈，令人头昏目眩。”这类人的偏好大半都很明显，喜欢强烈刺激者偏好红色，喜欢和平刺激者偏好青色。颜色对于他们都有温度，有些是“热”的，有些是“冷”的。有一个受验者看至浅蓝色时甚至于打寒战。有时他们又觉得颜色有重量。深暗的颜色都很沉重，令他们倦闷；浅淡的颜色都很轻便，令他们欣喜。这类人极多。他们的欣赏颜色的能力虽较客观类稍强，但是他们的注意力集中于颜色的生理影响，对于美感的欣赏还是缺乏。

三、联想类（associative type）：这类人看颜色，往往立刻就想到和它有关联的事物，例如见蓝色联想到天空，见红色联想到火，见青色联想到草木。这种联想大半是很普遍的，红色的联想大半是火，蓝色的联想大半是天空。但是它有时也是个别的，例如有一位受验者见到黄青色就联想到金鸡纳霜。联想可以把以往附丽在某事物的情感移到和它发生联想的颜色上面去。所以颜色对于这类人所引起的情感往往很强烈，“记得绿罗裙，处处怜芳草”就是一个好例。从生理的观点看来是不常引起快感的颜色可以因情感的联想而引起快感。例如正蓝色向来比深暗的黄青色较悦目，但是据瓦伦汀的实验，有一个女子却取深暗的黄青色而不取正蓝色，因为深暗的黄青色使她联想到她所最爱的秋天景色。属于这类者女子居多。我们已讨论过联想和美感的关系，曾否认联想所引起的情感为美感。依布洛说，联想有种类的不同，其在美感上的价值自亦不能一致。譬如同是青色，甲见到它联想到草木，乙见到它联想到药水，甲和乙的情感在美感上的价值自不能相提并论；甲的联想带有几分客观性，多数看见青色都联想到草木，乙的联想却完全是主观的、偶然的。论理，甲比乙对于青色的反应较近于美感经验。联想愈客观愈近于美感，但是只是“客观”一个条件也不能组成美感。如果甲的情感真是美感，他的生于联想内容（草木）的情感须能和生于颜色（青色）的情感相融化，使颜色恰能表现联想内容的神髓。布洛分联想为“融化的”（fused）和“不融化的”（non-fused）两种。不曾和联想内容相融化的颜色所联想起的情感就不是美感。

四、性格类（character type）：在这类人看，每种颜色都像人一样，都各有特殊的性格。有些颜色是和善的，有些颜色是勇敢的，有些颜色是狡猾的，有些颜色是神秘的。他们和以上三类都不相同。他们对于颜色能发生情感的共鸣，不像“客观类”全用冷静的分析。他们觉得颜色自身能表现情感，不像“生理类”只觉得颜色能引起人的情感。譬如他们和“生理类”都说“黄色是一种畅快的颜色”，而意义却不同，他们觉得黄色自己畅快，而“生理类”则只觉得它能使人畅快。他们对于同样颜色的性格，往往彼此所见略同。颜色的性格对于他们常有很深的客观性，不像“联想类”全凭主观，飘忽无定，这个人见到青色联想到草木，那个人见到青色联想到药水。在他们看，颜色的性格大半是固定的。红色大半是活跃的、豪爽的、富于同情心的；蓝色大半是冷静的、深沉的、不轻于让旁人知道自己的；黄色是畅快的、轻浮的；青色是古板的、闲逸的，带有几分“中产阶级的气派”。两种颜色相配合时，所生的性格往往恰能调剂两种本色的性格。例如，橙色是红、黄两色配合而成的，它一方面失去若干黄色所固有的轻便，一方面也失去若干红色所固有的豪爽。颜色都有性格，所以在文艺上和宗教上常有象征的功用。中国从前每朝代都有“色尚某”

的规定，就是用颜色来象征一种性格。

颜色何以使人觉得它有性格呢？我们看见红色，何以觉得它活跃豪爽、富于同情心呢？各派学者对于这个问题有种种的解答。有人说它由于颜色和事物所发生的联想。这种解释显然不甚圆满，因为联想随人而异，而颜色的性格则许多人所觉得的都相同。属于“联想类”者常自己觉得某种颜色和某种事物可发生联想，属于“性格类”者并不觉得有这种联想存在。立普斯派学者用“视觉的移情作用”来解释。我们在第三章[①]已见过，“移情作用”以类似联想为基础。象征派文学家常觉得每个字音都有颜色，便是类似联想的好例。例如u的声音常令人联想到深蓝的颜色。声音由听觉得来，颜色由视觉得来，两种经验的内容绝不相同。但是见蓝色和听u音时，两种经验在形式上却有几分类似；它们对于自我所生的影响都是很平静的、严肃的、深长的，所以它们能发生联想。见到红色感到豪爽的性格也由于这种形式上的类似，红色和豪爽人所引起的情感是相同的。见到红色，唤起我的豪爽的情思，我于是本移情作用把豪爽看成颜色的性格。

布洛承认颜色的性格起于移情作用，而却否认它起于类似联想。依他说，在见颜色具有性格时，我们先把物对于我所生的生理的影响移还到物的本身上去，然后再把物理的性质（如温暖、沉重、力量等等）移为心理的性格（如和蔼、豪爽、狡猾等等）。比如大红色本有很强烈的刺激性，受验者如果只觉得这种强烈的刺激因而发生快感或不快感，他就只属于“生理类”。“性格类”由“生理类”再进一步。

① 参见第70页“宇宙的人情化”。——编者注

他把物我的界限忘去，把本来在我的印象混为物的本质，使强烈的刺激经“外射作用”移到颜色本身上去，于是本来在我的强烈刺激的感觉遂变为在颜色的力量。这所谓“力量”还只是一种物理的性质。属“性格类”者又把这种物理的性质移为心理的性格，于是有“活跃”“豪爽”等等感觉。同理，红色本来是“暖”色，“暖”是在我的感觉，我把它移到色的本身上去，于是红色便变为“暖”的东西，次又把这物理的“暖”移为心理的性格，于是红色便“富于同情心”了。照这样看，属“性格类”者感觉颜色时恰能做到“物我的同一”。他以整个的心灵去观照颜色，而却不自觉是在观照颜色，以至于我的情绪和色的姿态融合一气，这是真正的美感经验。所以布洛以为在上述四类人之中，“性格类”最能以美感的态度欣赏颜色。

以上都是个别颜色的研究。艺术作品单用一种颜色的很少。用颜色最多的艺术是图画，图画大半都是把许多颜色配合在一块。配合的次第和美感的关系亦极密切。颜色的配合有一条极重要的原理，就是布洛所说的“重量原理”（weight principle）。依这个原理，较深的颜色应该摆在较浅的颜色之下，如果把浅色放在深色之下，我们就觉得上部太沉重，下部基础太轻浮，好像站不稳似的。比如把一丈高的墙壁从中腰平分，用深红和浅红两种包纸来糊它，我们总喜欢把深红糊在浅红之下，如果深红糊在浅红之上，我们就嫌轻重倒置，觉得不爽快。这个重量原理是画家和装饰家所必须注意的。

布洛常用各种颜色的形状来实验颜色的重量原理，比如有两个面积角度都相等的三角形叫作甲和乙（如下图），它们都从中腰平分，然后着两种深浅不同的颜色，使在甲形占上半的浅色在乙形占下半，在甲形下半的深色在乙形占上半。布洛使受验者比较甲乙两形，问他喜欢哪一个，并且叫他说出理由来。他实验过五十人，发现多数人都喜欢甲形而不喜欢乙形。他们大半说甲形比较稳定，乙形上半太沉重，下半太轻浮，令人生首尾倒置的感觉。

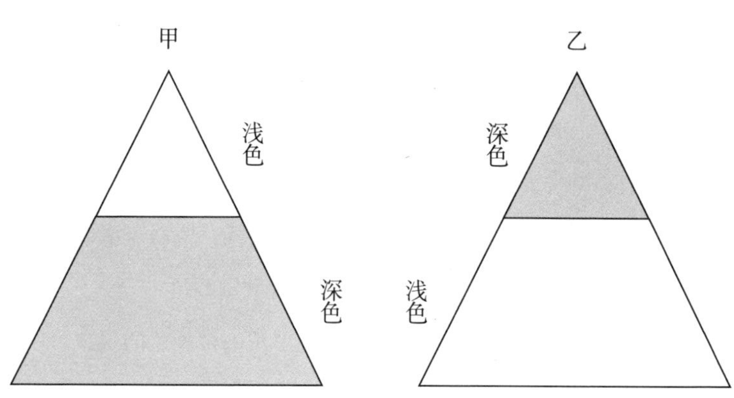

事实是如此，它的理由何在呢？颜色何以使人生重量感觉呢？浅色在深色之下何以看起来不稳定呢？多数受验者对于这种问题都茫然不能作答。有一部分人说它起于联想作用。我们在自然界中常见深色在下，浅色在上，海的颜色通常较深于天的颜色，山脚的颜色通常较深于山顶的颜色。我们对于上浅下深习以为常，猛然间看见习惯的次第颠倒过来，便不免感觉不快。颜色的重量原理即起于此。布洛举出两条理由，证明这种联想说不能成立。第一，在自然界中浅色并不常在深色之上。例如一片金黄色的麦浪和一座葱翠的丛林相邻接，从这一方看，深色固然在浅色之下，可是从反对的方面看，深色却在

浅色之上。浅色的墙壁上面盖着深色的屋顶也是很寻常的。第二，从实验的结果看，重量原理和联想原理也常相冲突。例如，一个圆形上半着蓝色，下半着青色，常使受验者联想到蔚蓝的天空笼盖着青绿的山水，可是在发生这种联想时他就不觉得颜色有重量，就不觉得它上重下轻。有时同一受验者对于同样的颜色配合可以发生两种不同的反应。他说："如果把它看作一个小坡，我觉得甲形和乙形没有什么分别，可是如果不起联想，只把它当作一种形体看，我却喜欢甲形。"从此可知重量原理和联想原理是不相容的。依布洛的意见，重量原理完全起于数量的比较，与联想作用并无关系。在深红中红的颜料比在浅红中的较多，深红比浅红更红。这种"较多""更红"的感觉就是引起重量感觉的。我们无意中拿"重轻"来翻译"多寡"。

不但深浅两种颜色配合在一块可以见出颜色的重量，就是个别的颜色单独看起来也有轻重的分别。黄色和青色比蓝色和紫色较浅，所以单看起来黄色和青色是轻的，蓝色和紫色是重的。颜色的性格也有时起于重量感觉。金黄色是很轻的，所以看起来像是很灵活快乐；深蓝色是很重的，所以看起来很严肃沉闷。

颜色的配合不仅要顾到上下左右的位置，还要顾到色调的种类。据法国效佛洛尔（Chevreul）的研究，凡是颜色在独立时看起来是一样，在和其他颜色相配合时又另是一样。换句话说，两种颜色相配合时，它们本来的色调都要经过若干变化。例如，红色摆在黄色旁边时，红色便微带紫色，黄色便微带青色。所以有些颜色宜于相配合，有些颜色不宜于相配合。什么颜色才宜于相配合呢？据一般科学家的研究，最宜于配合的是互为补色的两种颜色，补色（complementary colour）就是两种色光相合即成白色的颜色。红色和青色、蓝色和黄色都是补色。所以绘画着色时，红色和青色宜于摆在一块，红色和黄色不宜于摆在一块。画家往往于青色山水的背景上面加上穿红衫的妇女，就是要使全画的色调带有生气。冬天花瓶里插冬青叶果，叶是青色，果为红色，彼此相得益彰，所以非常雅观。如果只有青叶，或是只有红果，印象便比较呆板。这就是补色相调和的道理。

补色何以能互相调和呢？我们何以喜欢看互为补色的颜色摆在一块呢？据格兰特·亚伦（Grant Allen）的解释，补色的调和起于生理作用。如果我们注视红色物过久至于疲倦时移视白色天花板，则在板上仍能见出原物的"余像"，不过它的颜色由红变而为青。反之，如果我们注视青色物过久至于疲倦时移视白色天花板，则在板上亦仍能见出原物的"余像"，不过它的颜色由青变而为红。这个事实就可以解释补色相调剂的道理。注视红色物过久时，视网膜上感受红色的神经就要疲倦，但是周围感受青色（红色的补色）的神经仍未使用，仍甚灵活，所以移视天花板时，感受红色的神经因疲倦而休息，而感受青色的神经则继之活动，所以原物的"余像"为青色。换句话说，青色可以救济感受红色神经的疲倦，红色也可以救济感受青色神经的疲倦。因此，任何两种补色摆在一块时，视神经可以受最大量的刺激而生极小量的疲倦，所以补色的配合容易引起快感。

节选自《谈美》，开明书店1933年初版

形体美

一、严格地说，凡是美的事物都必具有一种形体。图画、雕刻、人物、风景，固不用说，就是音乐的节奏也可以说是形体的变象，所不同者形体是空间上的配合，节奏是时间上的配合而已。形体的单位为线。线虽单纯，也可以分别美丑，在艺术上的位置极为重要。建筑风格的变化就是以线为中心。希腊式建筑多用直线，罗马式建筑多用弧线，“哥特式”建筑多用相交成尖角的斜线，这是最显著的例子。同是一样线形，粗细、长短、曲直不同，所生的情感也就因之而异。据画家霍加斯（Hogarth）的意见，线中最美的是有波纹的曲线。近代实验虽没有完全证实这个说法，曲线比较能引起快感，是大多数人所公认的。

同是单纯的线，何以有些能引起快感，有些不能引起快感呢？最普通的解释是筋肉感觉说。依这一说，眼球在看曲线时比较看直线不费力，所以曲线的筋肉感觉比较直线的筋肉感觉为舒畅。如果这一说可靠，则形体美的欣赏完全是感官的快感。但是斯屈拉东（Stratton）和瓦伦汀（Valentine）都反对这一说。他们举了三个反证。第一，我们寻常对于眼球运动并不能意识到。比如深夜里有一微光射在墙壁上，光虽然是固定的，我们看来却常觉它移动，这就由于我们把自己没有意识到的眼球运动误认为光的运动。如果我们对于眼球筋肉的一动一静都能意识到，就不会发生这种错觉。第二，我们把眼睛闭起，随意转动眼球，无论转得如何轻便，我们也绝不能得到欣赏美线形的快感。这也可以证明筋肉感觉和美感是两件事。第三，斯屈拉东曾用照相机摄取眼球在看曲线的运动路径，发现它并不循曲线运动的轨道如第一图，而是跳来跳去，忽断忽续，忽曲忽直，结果有如第二图。第一图是所看的曲线，它是很秀美的；第二图是看这条曲线时眼球运动所成的线形，它是很零乱的。如果所看的曲线如第三图，则眼球运动所成的线形如第四图。第三图曲线颇陋劣，与第一图曲线相差颇远，但是第四图的线形和第二图的线形却没有多大分别。这些事实都足证明筋肉感觉说不能解释从美线形所得的快感。纵或筋肉感觉是这种快感的一种助力，却不能成为主因。

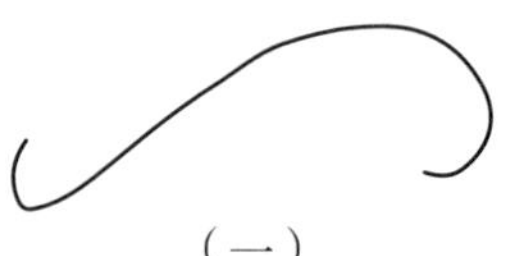
（一）

（三）

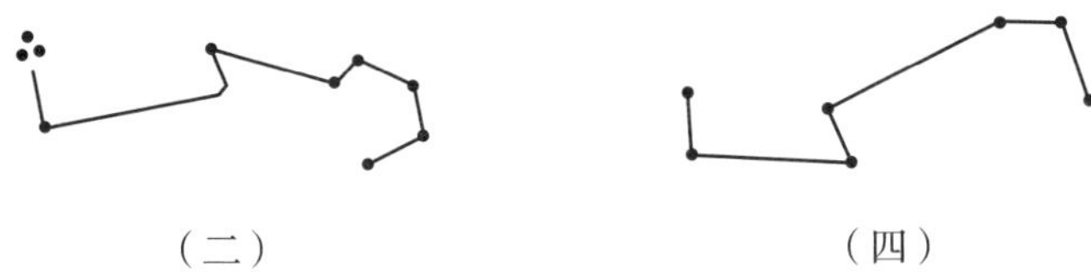
（二）　　（四）

然则单纯的线形所引起的快感和不快感究应如何解释呢？它的原因是很复杂的。

第一，它是节省注意的结果。有规律的线比杂乱无章的线容易了解，所耗费的注意力较少，所以比较能引起快感。有规律的线是首尾一致的。看到它的首部如此，我们便预期它的尾部也是如此；后来看到它的尾部果然如此，恰中了我们的预期，注意力不须改变方向，所以不知不觉地感到快感。丑陋的线没有规律，我们看到某一部分时，不能预期其他部分应该如何，各部分无意义地凑合在一起，彼此并没有必然的关联，我们预期如此，而结果却如彼。注意力常须改变方向，所以不免失望。这个道理可以拿第五、第六两图来说明。

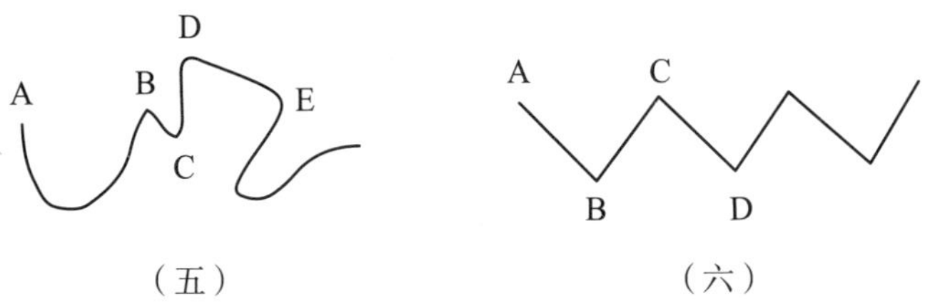

（五）　　（六）

第五图是不能引起快感的，它起首是弧线，是有规律的。我们看到 A 部时自然预期它以后还是照这个规律进行，可是它到 B、C、

D、E各部屡改方向，与预期恰相反，所以引起不快的感觉。不过规律和变化并不是相妨的。浪费心力固然容易引起厌倦，心力无所活动仍是不免厌倦。所以规律之中寓变化，变化之中有规律，是艺术上一条基本原理。比如第六图就是在制图案时所常用的线形。它从A起到B止，是守直线的规律的，由B点它忽然离开这个规律，转走另一方向，这是和预期相反，不免惹起若干惊异。不过它到了C点随即取A—B的方向和长度走到D，心力也因之由活动而恢复平衡。这样寓变化于规律时，变化的结果不是失望，不是挫折注意力，而是打消单调，提醒注意力。

第二，线形所生的快感有时由于暗示的影响。我们喜欢秀美的线而不喜欢拙劣的线，因为秀美的线所表现的是自然灵活的运动，拙劣的线所表现的是不受意志支配而时遭挫折的运动。比如乘脚踏车或划船，在初学时都不免转动不如人意，本来可以走直路，因为手脚不灵活，往往不免东歪西倒；但是练习既久，手腕娴熟之后，便可驾轻就熟、纵横如意了。生活中一切活动都可以作如是观。有时环境如炼钢，可以在指头回绕；有时能力不可应付环境，一举一动都不免流露丑拙。我们看到秀美的线觉得快意，就因为它提醒我们的驾轻就熟、纵横自如的感觉；看到拙劣的线觉得不快，就因为它提醒我们的东歪西倒、一无是处的感觉。这都由于潜意识的暗示作用。

第三，我们已经说过，知觉事物常伴着模仿该事物的运动，看线形也是如此。例如看曲线时筋肉就不知不觉地模仿曲线运动，看直线时筋肉就不知不觉地模仿直线运动。筋肉运动有难易，所生的情感即随此为转移；易则生快感，难则生不快感。例如第七图A和B同是斜线，而多数人却觉得 A 比 B 较易生快感；C 和 D 同是曲线，而多数人也觉得 C 比 D 较易生快感。这就因为它们有顺反的分别，筋肉因为习惯的关系，描画 A 和 C 比描画 B 和 D 较顺便。

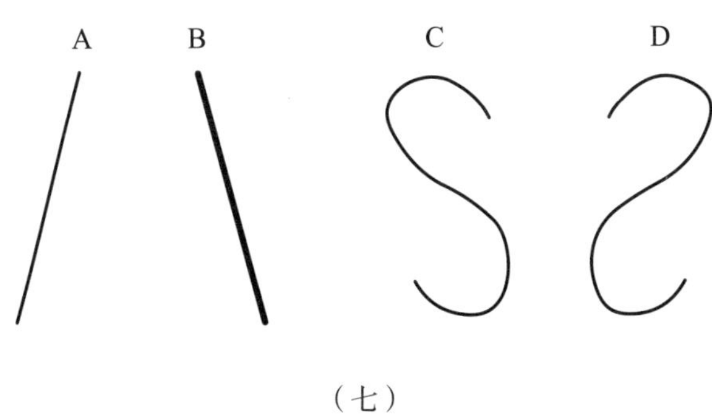

（七）

不过据马丁（J. Martin）的实验，模仿动作对于线形所生的情感究竟能影响到如何程度，还是一个疑问。他曾叫一百个学生画侧面人形，结果有八十八个学生都把面孔画得向左。原始民族的画像也大半是面孔朝左。我们就可以根据这些事实断定朝左的画易起快感么？他又常拿作幻灯影片的侧面像叫五十个学生看，先使它们向左，后又把它翻转过来向右，问他们最喜欢哪一种，结果有二十五人喜欢朝左的，十五人喜欢朝右的，余十人不觉到分别。他检查过五十三册名画集，发现朝左的像和朝右的像在数目上相差并不甚远。照这样看，模仿动作虽有影响也很微细，它可以作助力，不可以作主因。

第四，我们虽不赞成旧心理学家以联想作用解释一切美感经验，但是却不否认联想可以影响美感。在看线形时，联想作用常是一个要素。据塞格尔（J.Segal）的实验，同是一个线形让同一个人去看，所生的联想不同，所生的情感也就随之而异。例如第七图斜直线A或B，在把它看作画歪了的垂直线时，受验者觉到不快感；在把它看作向上斜飞的箭头时，他就觉到快感。这里显然可以见出联想的影响了。

第五，立普斯所说的“移情作用”对于线形所生的情感影响也颇大。我们往往把意想的活动移到线形身上去，好像线形自己在活动一样，于是线形可以具有人的姿态和性格。例如直线挺拔端正如伟丈夫，曲线柔媚窈窕如美女。中国讲究书法者在一点一划之中都要见出姿韵和魄力，也是移情作用的结果。我们见到柳公权的字，心中就浮起一种劲拔的意象；见到赵孟頫的字，心中就浮起一种秀媚的意象。这个意象本在我的心里，我却把它移到笔画本身上去。移情作用是美感经验的要素，凡是线形可以引起移情作用，大半都可以引起几分美感。

二、以上都是说简单的线形。一条简单的线所引起的情感，其原因已如此复杂，联合数线而围成一空间，其美感的因数自然更难分析了。美的形体无论如何复杂，大概都含有一个基本原则，就是平衡（balance）或匀称（symmetry），这在自然中已可见出。比如说人体，手足耳目都是左右相对称的，鼻和口都只有一个，所以居中不偏。原始时代所用的器皿和布帛的图案往往把人物的本来面目勉强改变过，使它们合于平衡原则。我们看下列第八图几个拟物形的图案就知道。

（八）原始陶器的图案

此外如希腊瓶以及中国彝鼎都是最能表现平衡原则的。在雕刻、图画、建筑和装饰的艺术中，平衡原则都非常重要。

我们何以喜欢平衡、匀称的图形呢？有一派学者以为它像简单的线形一样，也应该拿筋肉感觉来解释。我们看匀称的形体时，两眼筋肉的运动也是匀称的，没有某一方特别多费力，所以我们觉得愉快。这一说也被斯屈拉东辩驳过。据他用快镜摄影的结果，眼睛看匀称形体时所走的路径并不是匀称的。例如下列第九图是眼睛看第十图瓶形时运动的路径，在第九图中看不出第十图的平衡原则，是很显然的。

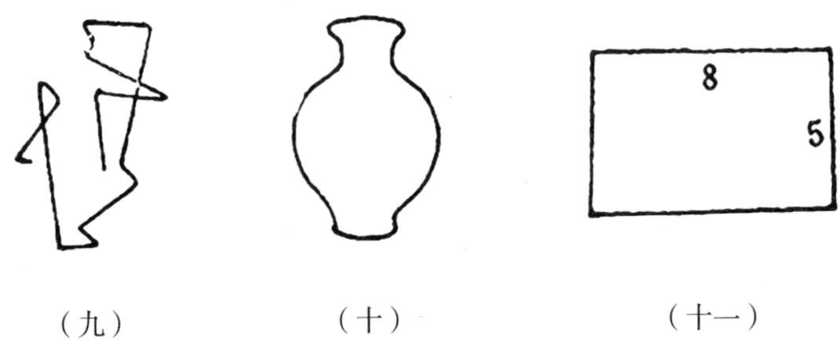

（九）　（十）　（十一）

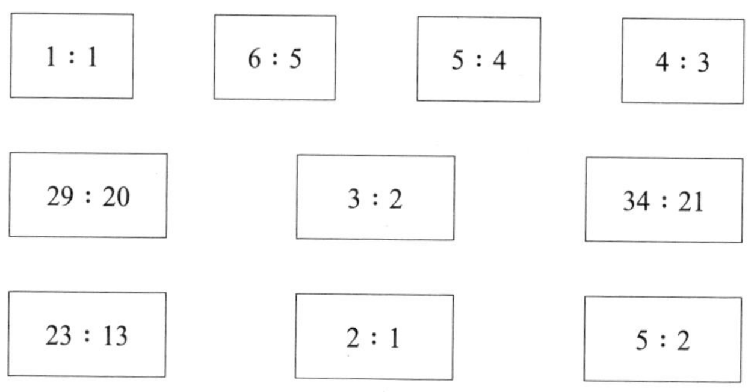

（十二）斐西洛的方形实验（原形五分之一）

有一派学者以为我们喜欢匀称，由于在潜意识中见出它的效理的关系。这个学说发源于希腊数学家毕达哥拉斯，在美学思想上影响颇大。实验美学发源于斐西洛，斐西洛的实验就是从研究形体的数量关系入手。在各种形体中我们所最喜欢的是长方形，所以窗、门、书籍等等都是长方形。长方形的两边的长短也各各不同，究竟长边和短边成什么比例才能引起美感呢？从达·芬奇起，历来画家都以为在最美的长方形中，短边和长边的比例须与长边和长短两边之和的比例相等，这就是说，短边和长边须成 1 : 1.618 或 5 : 8（如第十一图）。他们把这种比例叫作“黄金分割”（golden section）。斐西洛用白纸板剪成十个面积相同（64cm^2）而两边长短有变化的方形（如第十二图），把它们摆在黑板上面，次序是随意定的，每实验一次，次序即更换一次，使形体和部位的影响消去。他叫受验者在它们之中选择一个最美的和一个最丑的出来，每一次选择算一分。如果受验者同时选择两个形状，则每个形状得半分；同时选择三个形状，则每个形状得三分之一分；余类推。他费了许多年的精力，总共实验男子二百二十八人，女子一百一十九人，结果如下表：

长短两边比例	（最美）选取的数目		（最丑）选取的数目		选取数目的百分比	
	男	女	男	女	男	女
1：1	6.25	4.0	36.67	31.5	2.74	3.36
6：5	0.5	0.33	28.8	19.5	0.22	0.27
5：4	7.0	0.0	14.5	8.5	3.07	0.00
4：3	4.5	4.0	5.0	1.0	1.97	3.36
29：20	13.33	13.5	2.0	1.0	5.85	11.35
3：2	50.91	20.5	1.0	0.0	22.33	17.22
34：21*	78.66	42.65	0.0	0.0	34.50	35.83
23：13	49.33	20.21	1.0	1.0	21.54	16.99
2：1	14.25	11.83	3.83	2.25	6.25	9.94
5：2	3.25	2.0	57.21	30.25	1.43	1.68
总数	228.00	119.00	150.00	95.00	100.00	100.00

从这个结果看，多数人喜欢长短两边成34∶21比例的长方形（表中用*符号标出的），这恰是“黄金分割”的比例。斐西洛以后，韦特默（Witruer）、安基耶（Angier）、拉罗（Lalo）诸人依法实验，所得的结果大致相同。

多数人何以特别喜欢“黄金分割”呢？有一派学者说，我们喜欢两边含“黄金分割”的长方形，并非喜欢这形体本身而是喜欢它所含的数学的比例，我们在潜意识中把它的长短两边相加起来，和长边比较，见出长短两边之和与长边的比例，与长边与短边的比例适相等。这种条理、秩序的发现就是快感的来源。他们以为听音乐所得的快感也是如此。我们在潜意识中比较音波的震动数，发现它们的数量的比例，所以觉得高兴。这种学说显然是很牵强的。同是一个比例在形体中为美而在音乐中却不一定为美。比如有两个音，一个震动数为一百二十八次，一个震动数为二百零七次。这个比例很近于“黄金分割”，而它们在一块却不和谐。这件简单的事实即足推翻数理说了。

依我们看，“黄金分割”是最美的形体，因为它能表现“寓变化于整齐”这个基本原则。太整齐的形体往往流于呆板单调，变化太多的形体又往往流于散漫杂乱。整齐所以见纪律，变化所以激起新奇的兴趣，二者须能互相调和。“黄金分割”一方面是整齐的，因为两对边是相等的；一方面它又有变化，因为相邻两边有长短的分别。长边比短边较长的形体很多，而“黄金分割”的长边却恰长到好处，无太过不及的毛病，所以最能引起美感。它是有纪律的，所以注意力不浪费；同时它又有变化，所以兴趣不致停滞。

三、代替的平衡。平衡的形体易引起美感，已如上述，但是有时不平衡的形体也很美观。在第一流的图画、雕刻之中，真正左右平衡、不偏不倚的居极少数。不但如此，真正左右平衡、不偏不倚的作品往往呆板无生气。然则平衡原则不是不可靠么？依美国文艺心理学家帕弗尔（Puffer）的研究，凡是貌似不平衡的第一流作品其实都藏有平衡原则在里面。她把这种隐含的平衡叫作“代替的平衡”（substituted symmetry）。“代替的平衡”在图画上极为重要，现在我们来详加解释。

我们先说帕弗尔的实验。她用一块蒙着黑布的长方形木板摆在受验者的面前。板的左边钉上一个长八厘米、宽一厘米的固定的白纸板。右边另有一个长十六厘米、宽一厘米的可移动的白纸板。受验者须将可移动的白纸板摆得和固定的纸板相平行。远近由他自己定夺，但是要使两个纸板所成的形体最美观。以后她又把长纸板改为固定的，使受验者依同法把短纸板摆在最美观的位置。她实验过许多人，发现他们大半把长纸板摆得离中央较近，短纸板摆得离中央较远，有如第十三图——这种摆法便含有代替的平衡。

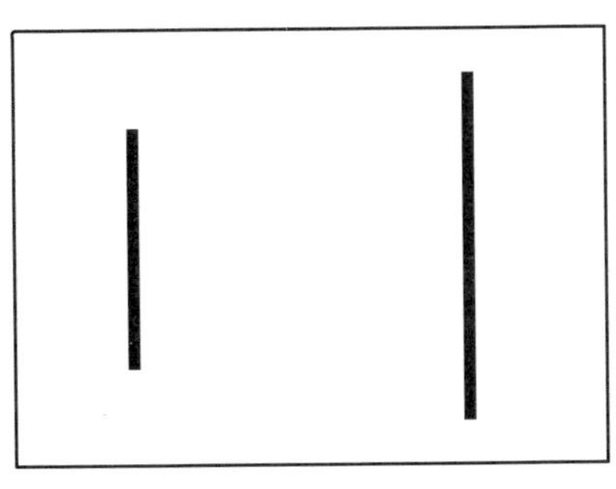

（十三）

好比一条长板，中心安在一个石凳上面，左右恰相平衡，如果它一头坐着一个小孩，另一头坐着一个大汉子，大汉子须坐在离中心较近的位置，小孩须坐在离中心较远的位置，木板才能保持原有的平衡。因此，帕弗尔把长板叫作重线，短板叫作轻线。就表面说，长线和短线离中心的距离不等，不能算是平衡，但是根据机械的平衡原则，轻物本来比重物离中心须较远才能保持平衡，所以长线比短线摆得离中心较近，实在还是遵守平衡原则的。

如果不用纸板，一边用简单的画片，一边用面积相等的白纸，则大多数人把画片摆得比白纸离中心较近；如果两边都用画片，只是画中情景有简繁的分别，则大多数人也把较繁的画片摆得比较简的画片离中心较近。这都由于简单的东西较轻，繁复的东西较重。用两件东西摆在一个固定的平面之上，如果要把它们摆得美观，轻的东西须离中心较远，重的东西须离中心较近。这就是“代替的平衡”的原则。

但是这个轻重标准是如何规定的呢？我们何以把长线叫作重，短线叫作轻，繁复的画叫作重，简单的画叫作轻呢？我们何以看到这种轻重远近相称的布置就觉得愉快呢？帕弗尔的解释以谷鲁斯（Groos）的“内模仿说”为根据。依她看，美感的愉快都起于“同情的模仿”。我们看形体，常不知不觉地依本能的冲动去描摹它的轮廓，冲动起于动作神经，传布于筋肉，筋肉系统和神经系统都是左右对称的。平衡的形体所唤起的左右两边的冲动也是相称的，神经和筋肉的活动都依天然的节奏，所以最能引起愉快。几何的平衡之心理的解释如此。

冲动的平衡就是左右筋肉动作的平衡，也就是注意力的平衡。要达到注意力的平衡，形体的左右两方大小远近都相等，固然是一个办法，但是大而近，小而远，也是一个办法。较大的东西、较繁的东西或是较有趣味的东西（总而言之，较“重”的东西），比较小的东西、较简的东西或是较乏味的东西（总而言之，较“轻”的东西）都较易引起注意力。如果较轻的东西和较重的东西距离中心都相等，则注意力全在较重的东西上面，结果就是心理上的不平衡了。如果要使轻的东西所引起的注意力和较重的东西所引起的注意力恰相平衡，则较轻的东西一定须摆在离中心较远的地位，因为距离中心愈远，所需的注意力也愈大。总而言之，近而重的东西所引起的注意力是自然的，远而轻的东西所引起的注意力是勉强的，这两种注意力质不同而量则相等，所以彼此能相平衡。再拿前面近的画片和远的白纸为例。眼睛看近的画片，自然能产生注意力，因为它本身有趣味。白纸平滑单调，不能引起自然的注意，所以须摆远一点；距离既隔得较远，眼睛看它时眼球的筋肉必须经过一番转动，所以它所唤起的注意力能够与画片所引起的注意力相平衡。

代替的平衡在图画中极为重要。帕弗尔曾经研究过一千幅名画，发现每幅画后面都含有代替平衡的原则。各种图画之中大概都有五个要素。一为体积（mass），指画中人物所集中的地方，即着墨最多的一部分。二为情趣（interest），即观者注意力所最易集中的地方，例如人物的动作。三为注意的方向（direction of attention），指画中人物注意所指的方向，大半表现于视线。四为线的方向（direction of line），即画中线纹大半是倾斜的，它向某一方倾斜，线的方向就集中在那一方。五为远景（vista），指距离较远的背景。如果在画的中央定一条想象的垂直平分线，则这五种要素常平均分布左右两方，使所引起的注意力左右平衡。例如人事画中体积偏左者则注意的方向往往偏右，风景画中体积偏左者则远景往往偏右，以求左右两方无畸轻畸重的毛病，这就是用代替的平衡。

节选自《谈美》，开明书店 1933 年初版

声音美

一、英国文艺批评学者佩特（W. Pater）说过，一切艺术到精微境界都求逼近音乐；因为艺术须能泯灭实质与形式的分别，而达到这种天衣无缝的境界的只有音乐。这个道理是一般美学家所公认的。叔本华把音乐认为最高的艺术，因为其他艺术只能表现意象世界，而音乐则为意志的外射。图画所不能描绘的，语言所不能传达的，音乐往往能曲尽其蕴。它的节奏的起伏，音调的宏纤，往往恰合人心的精微的变化。个人的性格、民族的特征以及时代的精神都可以从音乐中窥出。中国古时掌政教的人往往于音乐歌谣中观民风国俗，就是这个道理。音乐不但最能表现心灵，它也最能感动心灵。其他艺术感动人心常不免先假道于理智，有了解然后有欣赏，音乐固然也含有理智的成分，但是到极精微的境界，它能直接引起心弦的共鸣。能受音乐感动的人不必明白音乐的技巧。音乐所表现的往往是超乎理智所能分析的。在诸艺术之中，音乐大概是最原始的，不但蒙昧民族已能欣赏音乐，即飞禽走兽也有音乐的嗜好。瓠巴鼓瑟，游鱼出听，这并不是不近情理的传说。

但是音乐也是最难的艺术。它的感动人心的力量大多数人都能体验到，可是如果问它何以有这么大的力量，精确的答案却不易寻出。一曲乐调奏完时，满场人都表示满意，可是满意的理由彼此却不一致。这个人说它唤起许多良辰美景的联想，那个人说它引起柔和悱恻的情感，另一个人则夸奖它的抑扬开合布置得很周密、很完美。各人所见到的美不同，于是音乐的美究竟何在，遂成为美学上的最大疑问。历来美学家对于音乐有两种不同的意见：表现派说，音乐之所以美者在能表现情感和思想；形式派说，音乐之所以美者在它的本身形式之完备，情感和思想是偶然的、不必要的。要了解音乐，第一关就要了解这个争执的意义。我们姑且慢些讲学理，先来研究近代实验美学对于音乐所研究得来的证据。

二、近代实验美学所最注意的就是音乐，所以对于音乐研究的成绩之丰富远过于其他艺术。关于音乐的实验材料可区分为四大类：（一）关于听音乐者的反应的分别；（二）关于音乐与想象的关系；（三）关于音乐与情感的关系；（四）关于音乐与生理的关系。

关于听音乐者的类别，英国剑桥大学教授马尧斯（C.S.Myers）的工作最值得注意。在前章讨论颜色美时，我们见过布洛的实验，知道在颜色方面，审美者有四类的分别。据马尧斯的实验，听音乐者也可以分为同样的四类。他选出六种名曲的留声机片在受验者的背后开放。每张片子都须听过两次。受验者于听完第一次之后把音乐所引起的感想说出。第二次开放时留声机上附加一种机器，如果受验者觉得某一段没有听清须再听时，可以把该段重新开放一次。这次他须用速记法把心中感想仔细记下。从十五个受验者内省所得的报告中，马尧斯分析出下列四类:（一）主观类，即布洛所说的生理类。这一类人专注重音乐对于感觉情绪和意志的影响。他们在报告里说:“通篇都是一种很平静的感觉，好像游水似的，我仿佛想倒卧下来，顺着水流去。”“仿佛是临死时的情境，我觉得生命向外流出。”“感到非常愉快，身体内部随音乐扩张起来了，因此很兴奋，呼吸忽然也停住了。”（二）联想类，这一类人专注意到音乐所引起的联想。音乐的美丑以联想起来的事物愉快与否为断。他们在报告里说:“我仿佛坐在皇后的大厅里。一位穿红衣的女子在拉提琴，另外一位女子在对着琴谱唱歌。那位拉琴者面容很凄惨，她生平一定有什么失意的事。”“开场时满台都是人，显出一种很辉煌喧扰的样子。他们都穿着戏装。后来一位歌者从室内走到台右，说了一段很生动的恋爱故事。”（三）客观类，这一类人专拿一种客观的标准来批评音乐本身的技巧。他们在报告里说:“我觉得第二号角的声音太洪亮。到第三节有四弦琴时它又嫌不够清朗。”“在贝多芬的作品中我们应该注意他的极大的反称，尤其是有动性的反称。他的‘上升调’是我最爱听的。”“这位提琴手用颤声总是太过火。”（四）性格类，这一类人把音乐加以拟人化，乐调都各有各的性格，有些是快乐的，有些是悲惨的，有些是神秘的。他们在报告里说:“它本想显出高兴的样子，但是终于很悲惨。”“有些部分带着悔悼的声调。”“它好像在惹我笑。”

这四类人的美感的程度，依马尧斯看，以性格类为最高，次为客观类及联想类，主观类最低。音乐专家大半属于客观类，这是由于训练的影响，他们平时注意偏向技艺方面，于是把情感和联想都压抑下去了。他们的态度是批评的而不是欣赏的。一般人能听音乐大半只注意它所引起的联想。注意力集中于联想事物时就不免忽略音乐本身，所以联想所生的快感往往不一定是美感。但是联想有偶然的，有与音乐性质有密切关系的。如果联想起的情境与音乐能化成一气，契合无间，它就能增大音乐所引起的美感了。主观类的毛病，在只注意到自己所受的音乐影响，而致忽略音乐本身的形式。这种态度不是欣赏的，因为他没有在艺术和实际人生中维持一种适当的距离。性格类的审美程度比其他三类都较高，因为他们一方面没有联想类和主观类忽略音乐本身的毛病，同时又不像客观类因过重音乐形式而不能发生情感的共鸣。只有性格类才能达到美感经验中物我同一的境界。

美学家浮龙·李（Vernon Lee）曾举行过类似的实验，不过她的目的和方法都比较简单，她先假定听音乐的经验不外两种，一种是只顾到音乐本身，一种是顾到音乐所联带的意义。她请受验者自省属于哪一类，她以为我们只要知道听者的心理变化如何，便可以研究音乐的性质。因此她向受验者问道："音乐使你感到趣味时，你觉得它本身以外另有一种意义呢？还是觉得音乐只是音乐，别无所有呢？"据她的报告，肯定的答案和否定的答案各居半数。肯定音乐别有意义的人们所谓"意义"大半是很模糊隐约的，只有少数人在音乐背面见出整幅的情景或是整篇的故事。否定音乐别有意义的人们大半只留意形式的配合如起承转合、抑扬顿挫等等。欣赏力较大的人们大半都否定音乐于本身以外别有意义。这是一件最可注意的事实。

三、多数人虽然对于音乐为门外汉，不能得到音乐所应给的特殊美感，却真能嗜好音乐。他们所玩味不舍的并不是音乐本身而是音乐所引起的幻想。他们常常把音乐的节奏翻译成很生动的情节或是很鲜明的图画。诗人尤其易犯这种毛病。意大利戏剧家阿尔菲耶里（Alfieri）尝说他的作品大半是在听音乐之后结构成的。歌德听门德尔松（Mendelssohn）弹奏一曲巴赫（Bach）作品之后，惊赞道："这真是堂皇典丽！我仿佛见到一队衣裳齐楚的豪贵人踏大步下一个巨大的台阶。"海涅（Heine）在《翡冷翠的一夜》一篇散文里描写他在意大利听音乐的经验，尤其是一幅光怪陆离的图画。李东川的《琴歌》《听董大弹胡笳》《听安万善吹觱篥歌》几首七古都是中国描写音乐的名作。其中警句如"月照城头乌半飞""长风吹林雨堕瓦""黄云萧条白日暗"等等都只是描写音乐所唤起的联想。白香山的《琵琶行》中"大珠小珠落玉盘""铁骑突出刀枪鸣"诸句也是如此。

这一类的人大半以为玩味音乐所引起的意象就是欣赏音乐。法国小说家司汤达（Stendhal）甚至于说："一切叫我注意到它本身的音乐在我看都是下乘。"从上面马尧斯和浮龙·李的实验看，我们可以知道这句话恰和事实相反。法国心理学家里波（Ribot）的实验尤足证明玩味意象和欣赏音乐是两回事。他问过许多人在听音乐时或是回忆某乐调时心中是否现出关于视觉的意象。他把表戏情的音乐特别除开。结果他发现听音乐的人可分两类。一类是有音乐修养的，音乐对于他们很少能引起意象。他们说："我绝对意想不到什么视觉的印象，我浑身被音乐的快感占着，我完全在听觉世界里过活。我根据自己的音乐知识去分析各部分的呼应，但也不过于仔细推敲。我只留心乐调的发展。”一类是没有音乐修养而欣赏力平凡的。他们在听音乐时常发生很鲜明的视觉的意象，因为玩味意象，他们的注意于是不能集中于音乐。里波以为想象本有两种，一种是“造型的”（plastique），一种是“流散的”（diffluenre）。“造型的想象”以知觉为中心，宜于图画，因为它能产生极明确的意象；“流散的想象”以情感为中心，宜于音乐，因为它所产生的意象虽极模糊而却常深邃微妙。古典派、“帕尔纳斯派”（Parnasse）和写实派重客观的艺术家大半富于“造型的想象”，浪漫派、象征派和印象派重主观的艺术家大半富于“流散的想象”。这两种想象常格格不入。想象属于造型类者喜欢把迷茫隐约的东西变成固定清晰的，所以在听音乐时常把耳所闻者移为目所能见的图画。音乐家在作乐制谱时心理过程恰与此相反。人事和物态本来是很固定明晰的，印入音乐家心里之后，便酝酿成一种不易描绘的情调，这种情调移为音乐的语言，便成乐谱。

四、音乐与幻想的关系是很值得研究的。同是一曲乐调，甲听之起一种幻想，乙听之又另起一种幻想。然则音乐和它所引起的意象之中是否毫无关联呢？据英人盖尔尼（Gurney）的研究，凡一种乐调唤起某事物的意象时，它的节奏大半和事物的动作有直接类似点。描写类音乐大半如此。瓦格纳（Wagner）取鸟语入乐曲，肖邦（Chopin）取急雨堕瓦声入乐曲，都是著例。有时音乐虽不直接模仿事物的音调，却可从节奏起伏上暗示事物的性质和动作。例如飘荡幽婉的舞曲常暗示仙女，沉重低缓的舞曲常暗示巨人。普赛尔（Purcell）用下降调暗示特洛伊城（Troy）的衰落，也是以节奏象征动作。乐曲的命名也是唤起联想的一个主因。例如以溪流、瀑布、铃声、驰马、荡舟为名的音乐自然容易唤起这些事物的意象，以晚景、月夜、靖景为名的音乐自然容易唤起这些时候所常有的情调。

如果一曲乐调不是完全模仿外物声音的，又没有固定的名称暗示联想的方向，则听者所生的意象必人人不同。美国梵斯华兹（Farnsworth）和贝蒙（Bemont）两教授常叫一班学图画的学生听两曲性质不同的乐调，每次都随时把音乐所引起的意象画在纸上。乐调和作者的名称都不让学生们知道。拿这些图画来比较，各人所起的意象彼此很少类似点。但是有一点是很值得注意的，在听同一乐调时所作的图画其中情景虽各各不同，而情调和空气则很相近。乐调凄惨时各图画的空气都很黯淡，乐调喜悦时各图画的情调都很生动。从这个事实看，我们可以见出音乐虽不能唤起一种固定意象，却可以引起一种固定的情调。同样的乐调常发生同样的情调，不过各人由这情调所生的意象则随性格和经验而异。据弗洛伊德派心理学者说，幻想都是意识欲望的涌现，所以幻想中的意象都象征情欲中一种倾向。照这样说，音乐激动意识时，被压抑的欲望化装涌现，于是才有意象。化装尽管不同，而化装所掩盖的欲望则为原始的、普遍的。

五、与音乐所引起意象这件事实密切相关的还有一个很奇怪的现象，就是“着色的听觉”（colour hearing）。有一部分人每逢听到一种音调常立刻联想起一种颜色，同是一个音调而各听者所联想起的色觉往往不一致。据奥特曼（Ortman）的实验，有些人听高音生白色的感觉，中音生灰色的感觉，低音生黑色的感觉；有些人从低音到高音顺次生黑、棕、紫、红、橙、黄、白诸色觉。据德拉库瓦

（Delacroix）教授的报告，他曾见过一位瑞士学生每逢听提琴的声音，都仿佛见到一条波动的黑色蓝边的长带，嗅玫瑰花的香气时也起同样的幻觉。他所欢喜的东西都带着蓝色。例如他第一次看见《米洛斯的维纳斯》的雕像，和听柴可夫斯基的悲歌时，他眼里都看到蓝色。此外他又遇见一个受验者听到瓦格纳的歌诗曲的引子时发生黑色、红色和金黄色的幻觉。据说瓦格纳歌诗曲的引子是在莱茵河上观日落之后得到灵感而谱成的，可见听者所起的金黄色的幻觉并非偶然了。这种“着色的听觉”现象的原因何在，学者还没有定论。有一派人以为它是生理的，他们说听觉神经和视觉神经混合才呈这种现象，不过这还是揣摩之词。法国象征派诗人尝根据这种现象发挥为“感通说”（correspondence）。依他们看，自然界中声色形象虽似各不相谋，其实是遥相呼应的，由视觉得来的印象往往可以和听觉得来的印象相感通，所以某一种颜色可以象征某一种形象或是某一种音调。兰波（A.Rimbaud）尝做一首十四行诗拿颜色来形容 A、E、I、O、U 五个母音，就是象征派的一种信条。

六、近代实验美学对于音乐与情绪的关系所得的成绩，比音乐和想象的研究尤其丰富。音乐对于情绪的影响是古今中外诗人们所常歌咏的。不但在人类，连动物也有音乐的嗜好。瓠巴鼓瑟，游鱼出听，这种传说在一般人看来或近于荒唐，但是据美国音乐心理学者休恩（M.Schoen）所援引的实例，它却有很多的实验证据。他们在动物园里奏提琴，同时观察各动物的反应，曾记载下来这样的结果：蝎舞动，随音调的扬抑而异其兴奋程度；蟒蛇昂首静听，随音乐的节奏左右摇摆；熊兀立静听；狼则恐惧号啼；象常喘气表示愤怒；牛则增加乳量；猴子点头作势。从这些实例看，我们可以知道音乐的感动力是极原始极普遍的。达尔文以为音乐的起源在异性的引诱，所以在动物中以雄的声音为最洪亮最和谐，弗洛伊德派学说颇近于此。

音乐所引起的情绪随乐调而异，每个乐调都各表现一种特殊的情绪。这种事实古希腊人即已注意到。他们分析当时所流行的七种乐调，以为E调安定，D调热烈，C调和蔼，B调哀怨，A调发扬，G调浮躁，F调淫荡。亚里士多德最推重C调，因为它最宜于陶冶青年。英人鲍威尔（E.Power）曾作同样的研究，以为近代音乐所用的各种乐调在情绪上所生的影响如下：

C大调　纯粹坚决的情调，纯洁，果断，沉毅，宗教热。

G大调　真挚的信仰，平静的爱情，田园风味，带有若干谐趣，为少年所最爱听。

G小调　有时忧愁，有时欣喜。

A大调　自信，希望，和悦，最能表现真挚的情感。

A小调　女子的柔情，北欧民族的伤感和虔敬心。

B大调　用时甚少，极嘹亮，表现勇敢、豪爽、骄傲。

B小调　调甚悲哀，表现恬静的期望。

升F大调　极嘹亮，柔和，丰富。

升F小调　阴沉，神秘，热情。

降A大调　梦境的情感。

F大调　和悦，微带悔悼，宜于表现宗教的情感。

F小调　悲愁。

两音合奏时，其和谐程度视音阶距离的远近为准。通常以八度（即 C—c）为最和谐，二度（即 C—D）为最嘈杂。每个音阶也各表现一种特别的性格与情感。据休恩所引意大利学者的报告，音阶和它的影响如下：

短二阶　悲伤，痛悼，退让，焦躁，疑虑。

长二阶　较短二阶稍愉快，仍带严肃气。

短三阶　悲伤，愁苦，骚动，有人以为它表示平静、满意及宗教热。

长三阶　欣喜，颜色，勇敢，果决，自信，发扬。

四阶　满足，欣喜，颜色，力量，发扬，间带伤感。

五阶　反应甚多，通常为平静、欣喜，间带伤感。

六阶　和悦，力量，勇敢，胜利。

短六阶　通常是静穆。

长六阶　通常表示满意、柔情、希望，间带伤感。

七阶　骚动，不满意，惊讶，幻觉。

短七阶　不和谐，疑虑。

长七阶　不和谐，疑虑，间或表示希望、信仰。

八阶　完美，成就，间或表现招邀、焦躁或哀悼。

从这个表看，音阶虽各有特殊的影响，而却没有定准。二阶、七阶本来是两种嘈杂的音阶（dissonances），所以影响很明白，其余如五阶、四阶、长三阶等所生的影响并不确定。音乐的影响应从整个乐调研究。如果单研究独立的音阶，则所得结论不能适用于全体乐调。独立的音阶是不能成为乐调的，和其他音阶并用时，则受其他音阶的影响，不能保存其在独立时的特性。所以上面所述的结果在科学上价值甚小。

七、在听音乐时各人所注意的要素往往不同，有人偏重节奏，有人偏重布局，有人偏重音色，有人偏重其他要素。音乐家作曲对于这些要素也往往有所偏好。美国心理学家华希邦（M.F.Washburn）和狄金生（G.L.Dickinson）尝把音乐快感的来源分为节奏（rhythm）、旋律（melody）、布局（design）、谐声（harmony）及音色（tone-colour）五种。她们用一百八十二种名曲测验许多学音乐的学生，发现这五种要素之中以旋律为最重要，依次而降为节奏、谐声、布局、音色。旋律在一般音乐家中都占第一位，只是在韩德尔（Händel）、勃拉姆斯（Brahms）、德彪西（Debussy）诸人作品中才占第二位。节奏在勃拉姆斯的作品中占第一位，在海顿（Haydn）、贝多芬、舒曼、肖邦、门德尔松诸人作品中占第二位，在巴赫、莫扎特、瓦格纳、李斯特、德彪西诸人作品中占第三位。布局没有音乐家把它摆在第一位的，它在巴赫和莫扎特的作品中占第二位，在韩德尔、海顿、贝多芬诸人作品中占第三位。谐声只在德彪西的作品中占第一位，在瓦格纳的作品中占第二位，在舒曼、肖邦、门德尔松、李斯特、勃拉姆斯诸人作品中占第三位。音色只在韩德尔的作品中占第一位，其余音乐家都把它放在第三、四位以下。从这个实验中她们又另外推出两个结论：一是含快感来源（即指以上五种）愈多的音乐，所引起的快感也愈大；二是最兴奋和最平和的音乐发生最大快感，中平的音乐影响最小。

八、关于音乐与情绪的实验要推美国宾汉（W.V.Bingham）、休恩诸人所做的规模为最大。他们用二百九十种名曲留声机片，在三年之中（一九二〇年至一九二三年）先后测验过两万人。他们得到下列几条重要的结论：

（一）每曲乐调都要引起听者情绪的变迁。

（二）同一乐调在不同时间给许多教育环境不同的人们听，所引起的情绪变迁往往很近似。

（三）情绪变迁的大小与欣赏力的强弱成比例。

（四）乐调的生熟往往能影响欣赏程度的深浅。但是欣赏力愈强者愈不易受生熟差别的影响，欣赏力愈弱者愈苦陌生的新音乐不易欣赏。

（五）听音乐者可分三类：欣赏力弱者欣赏时甚少，欣赏的强度也甚小；欣赏力平庸者欣赏时甚多，欣赏的强度却甚小；欣赏力强者欣赏时甚少（因为慎于批评），但是欣赏的强度却很大（因为了解技艺）。

（六）情绪的种类与欣赏的强度无直接关系，唯由和悦而严肃时比由严肃而和悦时所生的快感较小。

（七）对于乐调价值的评判与欣赏的强度成比例。

（八）音乐只能引起抽象的普遍的情调如平息、欣喜、凄恻、虔敬、希冀、眷念等等；不能引起具体的特殊的情绪如愤怒、畏惧、妒忌等等。

九、音乐所以能影响情绪者大半由于生理作用。

关于声音的生理基础，学说颇多，以德国心理学家海尔门霍兹（Helmholtz）的为最圆满。我们知道，听觉器官分外耳、中耳、内耳三部分。音波来时，外耳任收集，中耳任传达，内耳任接收。这三部分器官尤以内耳为最重要。内耳又分三部分，外部为三个半规状管，借中耳的骨状体与鼓膜相连，中部为前庭，内部为螺状体。螺状体之中盛满液体，其中有一条带状基膜。听觉神经即散布在这条基膜上，音波入耳孔时先引起基膜的震动，这个震动传到螺状体，引起其中液体的震动，听觉神经受这震动的刺激，传到脑的听神经中枢，于是有音乐的感觉。所以真正的听觉器官只是内耳的螺状体。近代心理学家尝把动物的螺状体设法移去，结果该动物即失其听觉作用，可为明证。但是音的高低是怎样感觉到的呢？依海尔门霍兹说，螺状体的基膜好像钢琴，钢琴上弦子排列由左而右，愈左愈长，愈右愈短，所以它们发的音愈左愈低，愈右愈高。每条弦子都只能发一种音。螺状体的基膜是夹在两条软骨中间的，下部甚窄，愈近螺顶愈阔。基膜上面横列着无数细胞纤维，纤维的两端都嵌在夹着基膜的软骨里，所以愈在基膜窄部愈紧张，愈在基膜阔部愈松弛。每条神经纤维即相当于一条琴弦，只能吸收一种音波。长而松的纤维吸收低音，短而紧的纤维吸收高音。换句话说，每条神经纤维就是一个共鸣器。根据物理学的原理，每一个共鸣器只能和一种音共鸣。听神经纤维也是如此。某纤维只能和每秒震动三百次的音波共鸣，某纤维只能和每秒震动六百次的音波共鸣，都不能稍有改变。如果有“纯音”的可能，在它入耳时，就只有一条听神经纤维行使其机能；在无数复音入耳时，好比几个琴弦同时被弹一样，就有无数听神经纤维行使其机能。人的螺状体基膜上共含两万四千条听神经纤维，所以在理论上有听两万四千种音的可能。

近代科学家有人拿狗来实验，发现狗的基膜下部毁坏时即不能听高音，上部毁坏时即不能听低音。又有人拿几尼亚猪来实验，给一种震动数固定的单调音接连让它听数星期，以后它就不能听该音调。它死后，我们如果检验它的基膜，就可以发现担任听该音调的纤维已腐烂，这就由于该纤维行使机能过久，缺乏休息和营养，所以失其作用。如果实验用的音很高，则腐烂的纤维常在基膜下部；如果实验用的音很低，则腐烂的纤维常在基膜上部。这种实验是海尔门霍兹的学说一个有力的证据。

但是音乐实不仅能影响听神经，还可以影响周身的筋肉和血脉的运动。近代实验美学家应用种种仪器测验音乐对于血液循环及脉搏起伏的影响也颇可资参考。据斐芮（Feary）、斯库普秋（Scripture）诸人的研究，声音都可以使筋肉增加能力，迅速的和愉快的音乐尤其可以消除筋肉的疲劳。孟慈（Mentz）发现凡在音调完全和谐时，音的强度猛然更换时以及一曲乐调将终结时，血脉和呼吸都变慢；在听者注意分析乐调时，血脉和呼吸都变快。比纳（Binet）和库地耶（Courtier）的结论与此稍不同。他们都说一切音的刺激都可以增加血脉和呼吸的速度，不过在听不调和的音阶、大音阶以及音阶迅速更换时，血脉和呼吸的速度变得更快。据福斯特（Foster）和干伯尔（Gamble）的研究，听音乐时的呼吸和平常工作时的呼吸速度并无分别，不过平时呼吸有规律，听音乐时呼吸大半没有规律。斐拉芮（Ferrari）拿疯人和健全人来比较，发现只有疯人在听音乐时血脉的起落才直接受音乐的影响，他以为这是由于疯人的心脏失去控制作用。据海依德（H.Hyde）的报告，悲伤的音乐可以使血脉速度变缓，愉快的音乐可以使血脉速度变快，生理的变迁和心理的变迁是相平行的。她以为愉快的音乐对于病有治疗的功效。康宁（L.Corning）也说患神经病的人在听音乐之后病势可略减轻。古希腊常用音乐来治疗病症，亚里士多德曾说音乐有“发散”（catharsis）的功效。音乐何以能治病，科学家尚无满意的解释，但是它的功效大半是生理的，则已为一般人所公认。

十、近代实验美学对于音乐所得的结果大致如此。在理论方面，我们前已提及，近代美学家对于音乐有表现派和形式派的分别。表现派以为音乐是情感的流露，音乐家和诗人一样，心中都有一种深厚的感情要表现出来，不过他们所用的工具不同，诗人表情用文字，音乐家表情用乐调。音乐的好坏以其所表现的感情深浅为准。这种学说在中国从来没有人置疑过。《乐记》中有一段话把这个道理说得最透辟：“乐者音之所由生也，其本在人心之感于物也。是故其哀心感者其声噍以杀，其乐心感者其声啴以缓，其喜心感者其声发以散，其怒心感者其声粗以厉，其敬心感者其声直以廉，其爱心感者其声和以柔，六者非性也，感于物而后动。”在西方思想史中这种学说在近代才盛行。叔本华是一个先导。他的音乐定义是“意志的客观化”（the objectification of will），其他艺术表现心灵都须借助于意象，只有音乐才能不假意象的帮助而直接表现意志。德国大音乐家瓦格纳根据叔本华的哲学，倡音乐表现情感之说，以为凡可以音乐表现者同时也可以文字表现，于是开近代“乐剧”（music drama）的先河。这种音乐表现情感说与当时浪漫主义的文学主张相吻合，都是注重情感，薄视古典派的明晰的形式。浪漫时期的音乐大半迷离隐约，没有明确的轮廓，就是受表现说的影响。

赞成表现说者大半以为音乐与语言同源。语言的音调往往随情感变化而起伏，所以同是一句话在怒时说出和在喜时说出的语调不同。语言背后本已有一种潜在的音乐，正式的音乐不过就语言所已有的音乐加以铺张润色。持此说最力者在法有格列屈（Gretry），在英有斯宾塞（Spencer）。斯宾塞尝说，音乐是一种“光彩化的语言”（glorified language）。他以为情感可影响筋肉的变化，而筋肉的变化则可以影响音调的宏纤、高低、长短。照这样看，乐器所弹奏的音乐是由歌唱演化出来的。

就常识说，音乐表现情感说似无可置疑，但在近代极受形式派的攻击。形式派首领是德国汉斯力克（Hanslick）。他曾著一书，叫作《音乐的美》，用意在反驳瓦格纳的音乐表现情感说。在他看，音乐就是拿许多高低长短不同的音砌成一种很美的形式。在其他艺术之中形式之后都有意义，在音乐之中则形式之后绝对没有什么意义。音乐的美完全是一种形式的美。听音乐的人须能把全曲乐调悬在心眼面前，仔细玩味它的各部分抑扬开合的关系，才能见到音乐的美。音乐能引起情感，固然是事实，但是音乐的美却不在它能引起情感。“严格地说，凡美都无所为，因为它除形式之外即别无所有。形式尽管可以有用场，可是就其为形式而言，自身以外实别无目的。如果审美能引起快感，这是影响，和美的本身不是一件事。我示人以美时，目的尽管在引起他的快感，但是这个目的与美的本身却不相干。美纵然不能引起任何情感，纵使没有人去看它，它却仍不失其为美。换句话说，美虽是为给观者以愉快而存在的，至其可否存在却不依赖它能否给人以愉快。”这是艺术上形式主义的一段最明显的供词。

英人盖尔尼也反对音乐表现情感说。他以为音乐的美不在情感，就如美人的美不在她的忧喜。他引了许多大音乐家的话来证明“表现说”的无稽：

> 贝多芬埋怨人对于他的作品曲为解说，曾经说许多很酷毒的话。但是要寻关于这个问题的联贯的主张，自然要去看门德尔松和舒曼一班文人派音乐家的著作。门德尔松说：“如果你问我在制某乐谱时心里所想的是什么，我只能说，那恰是该谱制成时的形样。……”从此可知音乐本身以外的观念和情感都非必要了，——至少在门德尔松是如此。舒曼对于在音乐中寻文字的意义之意见，可从下面的话看出：“批评家们老是想知道音乐家自己所无法用文字说出的东西，他们对于所谈的东西往往连十分之一也没有懂得。天！将来有一天人们不再问我们在神圣的作品之后隐寓什么意义么？把第五阶辨别出来罢，别再来扰我们的安宁！”“贝多芬谱《田园交响曲》所冒的危险，他自己知道的。画家们因此把贝多芬画在一条小河旁边坐着，捧着头听潺潺的流水，这是多么荒谬！”“人们总以为音乐家在制谱时，先准备好纸笔，打定主意来作描写的工作，来表现这样，表现那样，这实在是大错。不幸得很，这恰巧是柏辽兹（Berlioz）所做的勾当，而且有许多人因为他专做这种勾当而去捧他！”

这番话不但是攻击表现说，对于音乐起于语言一说也可以说是一个打击。音乐起于语言说本来很难成立。据德国华拉歇克（Wallaschek）的研究，野蛮民族所唱的歌调毫无意义，他们却喜欢唱它，喜欢听它，都只是因为音调和谐。儿歌也是如此。格罗塞（E.Grosse）在《艺术源始》里也说："原始的抒情诗最重的成分就是音乐，至于意义还在其次。"从此可知语言和音乐是两件事，语言有意义，了解语言就是了解它的意义；音乐无意义，要欣赏它，只要能觉得它的音调和谐就够了。不但如此，乐调的高低是有定准的，语调的高低是无定准的；音乐所用的音是有限的、断续的，语言所用的音是无限的、联贯的。这个道理，斯徒夫（Stumpf）早已说过，也是证明音乐和语言并没有直接的关系。音乐既不是一种语言，就不能算是一种表现情感的艺术了。

表现派和形式派的争执大要如此。他们都似持之有故，言之成理，我们究竟何去何从呢？从上述各实验看，我们很难偏袒某一派。从表现派说，每个乐调和每个音阶既都各有特殊的情感，而同一乐调在许多听者所生的情感既又相近似，则音乐表现情感之说有证。说到究竟，凡是关于音乐与情感的测验大半都以表现说为出发点。反之，从形式派说，如果音乐表现固定的情感和意义，则听者所生的意象不应人各一样，毫不相谋，而发生联想也就是了解音乐所表现的意义，也就是欣赏音乐；但是据实验结果看，同一乐调可以引起许多不同的幻想，联想类听者和主观类听者对于音乐的欣赏力又极薄弱。这些事实都与表现说不甚符合。然则形式派与表现派的争执，究应如何解决呢？

我们在第一章[①]分析美感经验时已详细说过，一切艺术都是抒情的表现，都是实质和形式婚媾后所产的宁馨儿。有实质而无形式则粗疏，有形式而无实质则空洞，音乐自然也不能跳开这个公例，离开情感，单靠形式而存在。专在形式上下功夫而不能表现任何情感的音乐，究非上品。大音乐家如贝多芬、瓦格纳、巴赫诸人的作品都有很深厚的情思在后面，这是多数人所公认的。绝对否认音乐为表现的艺术，这实在是形式派的误解。不过表现派以为音乐所表现的是固定的具体的情思，说贝多芬的《第九交响曲》用意在证明神的存在，说他的《田园交响曲》是描写某处的田园的风味，这也是没有明白音乐的真使命。德拉库瓦教授说得好："音乐把情感加以音乐化。"音乐确实是表现情感的，但是像其他艺术一样，它所表现的并非生糙的情感。生糙的情感通过音乐之后，好比泥水通过渗沥器，渣滓脱尽，仅余精萃。音乐仅摄取诸个别情感的共相，它所表现的只是情感的原型，好比名理范围里的由普遍化及抽象化得来的概念。概念隐括诸个别事物的意义，却不带诸个别事物的殊相。音乐所表现的也是如此。譬如一曲音节响亮、节奏飞舞的音乐所表现的只是一种欣喜焕发的情调，有人听见发生行婚礼时的情感，有人听见发生奏凯旋时的情感，有人听见觉得它是表现春天的景象，有人听见觉得它是描写少年英雄的豪情胜概。这些都是特殊的固定的具体的情思，却同具欣喜焕发的情调。音乐只能表现这种普遍的抽象的情调，却不能表现特殊的具体的情思。由普遍的抽象的情调而引起特殊的具体的情思，这是由全体到

① 参见第5页"美感的态度"。——编者注

部分的联想。一般人因为听某种乐调起某种特殊的情感或意象，便以为该种乐调就是表现该种特殊的情感或意象，这是陷于以偏概全的谬误，犹如看到一幅青色的图案画联想到某一棵松树，便说该图案表现那一棵松树，同是一样无稽。梵斯华兹和贝蒙叫一班学音乐的学生在听音乐时随时将所生的意象画下，结果各画所表现是不同而情调则一致。宾汉和休恩诸人发现音乐只能表现平息、凄恻、欣喜、虔诚、眷念一类的普遍的情调，而不能表现愤怒、畏惧、妒忌一类的特殊的情绪。这些实验都足证明我们的见解。

节选自《谈美》，开明书店 1933 年初版

第三章

美的创造与欣赏

朱光潜

凡是艺术家都须有一半是诗人，一半是匠人。

他要有诗人的妙悟，要有匠人的手腕。

只有匠人的手腕而没有诗人的妙悟，固不能有创作；

只有诗人的妙悟而没有匠人的手腕，即创作亦难尽善尽美。

妙悟来自性灵，手腕则可得于模仿。

艺术与游戏

欣赏之中都寓有创造，创造之中也都寓有欣赏。创造和欣赏都是要见出一种意境，造出一种形象，都要根据想象与情感。比如说姜白石的“数峰清苦，商略黄昏雨”一句词含有一个受情感饱和的意境。姜白石在作这句词时，先须从自然中见出这种意境，然后拿这九个字把它翻译出来。在见到意境的一刹那中，他是在创造也是在欣赏。我在读这句词时，这九个字对于我只是一种符号，我要能认识这种符号，要凭想象与情感从这种符号中领略出姜白石原来所见到的意境，须把他的译文翻回到原文。我在见到他的意境一刹那中，我是在欣赏也是在创造，倘若我丝毫无所创造，他所用的九个字对于我就漫无意义了。一首诗作成之后，不是就变成个个读者的产业，使他可以坐享其成。它也好比一片自然风景，观赏者要拿自己的想象和情趣来交接它，才能有所得。他所得的深浅和他自己的想象与情趣成比例。读诗就是再作诗，一首诗的生命不是作者一个人所能维持住，也要读者帮忙才行。读者的想象和情感是生生不息的，一首诗的生命也就是生生不息的，它并非一成不变的。一切艺术作品都是如此，没有创造就不能有欣赏。

创造之中都寓有欣赏，但是创造却不全是欣赏。欣赏只要能见出一种意境，而创造却须再进一步，把这种意境外射出来，成为具体的作品。这种外射也不是易事，它要有相当的天才和人力，我们到以后还要详论它，现在只就艺术的雏形来研究欣赏和创造的关系。

艺术的雏形就是游戏。游戏之中就含有创造和欣赏的心理活动。人们不都是艺术家，但每一个人都做过儿童，对于游戏都有几分经验。所以要了解艺术的创造和欣赏，最好是先研究游戏。

骑马的游戏是很普遍的，我们就把它作例来说。儿童在玩骑马的把戏时，他的心理活动可以用这么一段话说出来："父亲天天骑马在街上走，看他是多么好玩！多么有趣！我们也骑来试试看。他的那匹大马自然不让我们骑。小弟弟，你弯下腰来，让我骑！特！特！走快些！你没有气力了吗？我去换一匹马罢。"于是厨房里的竹帚夹在胯下又变成一匹马了。

从这个普遍的游戏中间，我们可以看出几个游戏和艺术的类似点。

一、像艺术一样，游戏把所欣赏的意象加以客观化，使它成为一个具体的情境。小孩子心里先印上一个骑马的意象，这个意象变成他的情趣的集中点（这就是欣赏）。情趣集中时意象大半孤立，所以本着单独观念实现于运动的普遍倾向，从心里外射出来，变成一个具体的情境（这就是创造），于是有骑马的游戏。骑马的意象原来是心境从外物界所摄来的影子。在骑马时儿童仍然把这个影子交还给外物界。不过这个影子在摄来时已顺着情感的需要而有所选择去取，在脑里打一个翻转之后，又经过一番意匠经营，所以不复是生糙的自然。一个人可以当马骑，一个竹帚也可以当马骑。换句话说，儿童的游戏不完全是模仿自然，它也带着几分创造性。他不仅作骑马的游戏，有时还拣一支粉笔或土块在地上画一个骑马的人。他在一个圆圈里画两点一直一横就成了一个面孔，在下面再安上两条线就成了两只腿。他原来看人物时只注意到这些最刺眼的运动的部分，他是一个印象派的作者。

二、像艺术一样，游戏是一种“想当然耳”的勾当。儿童在拿竹帚当马骑时，心里完全为骑马这个有趣的意象占住，丝毫不注意到他所骑的是竹帚而不是马。他聚精会神到极点，虽是在游戏而却不自觉是在游戏。本来是幻想的世界，却被他看成实在的世界了。他在幻想世界中仍然持着郑重其事的态度。全局尽管荒唐，而各部分却仍须合理。有两位小姊妹正在玩做买卖的把戏，她们的母亲从外面走进来向扮店主的姐姐亲了个嘴，扮顾客的妹妹便抗议说：“妈妈，你为什么同开店的人亲嘴？”从这个实例看，我们可以知道儿戏很类似写剧本或是写小说，在不近情理之中仍须不背乎情理，要有批评家所说的“诗的事实”。成人们往往嗤不郑重的事为儿戏，其实成人自己很少像儿童在游戏时那么郑重，那么专心，那么认真。

三、像艺术一样，游戏带有移情作用，把死板的宇宙看成活跃的生灵。我们成人把人和物的界线分得很清楚，把想象的和实在的分得很清楚。在儿童心中这种分别是很模糊的。他把物视同自己一样，以为它们也有生命，也能痛能痒。他拿竹帚当马骑时，你如果在竹帚上扯去一条竹枝，那就是在他的马身上扯去一根毛，在骂你一场之后，他还要向竹帚说几句温言好语。他看见星说是天睐眼，看见露说是花垂泪。这就是我们在前面说过的“宇宙的人情化”。人情化可以说是儿童所特有的体物的方法。人越老就越不能起移情作用，我和物的距离就日见其大，实在的和想象的隔阂就日见其深，于是这个世界也就越没有趣味了。

四、像艺术一样，游戏是在现实世界之外另造一个理想世界来安慰情感。骑竹马的小孩子一方面觉得骑马的有趣，一方面又苦于骑马的不可能，骑马的游戏是他弥补现实缺陷的一种方法。近代有许多学者说游戏起于精力的过剩，有力没处用，才去玩把戏。这话虽然未可尽信，却含有若干真理。人生来就好动，生而不能动，便是苦恼。疾病、老朽、幽囚都是人所最厌恶的，就是它们夺去动的可能。动愈自由即愈使人快意，所以人常厌恶有限而追求无限。现实界是有限制的，不能容人尽量自由活动。人不安于此，于是有种种苦闷厌倦。要消遣这种苦闷厌倦，人于是自架空中楼阁。苦闷起于人生对于“有限”的不满，幻想就是人生对于“无限”的寻求，游戏和文艺就是幻想的结果。它们的功用都在帮助人摆脱实在的世界的缰锁，跳出到可能的世界中去避风息凉。人愈到闲散时愈觉单调生活不可耐，愈想在呆板平凡的世界中寻出一点出乎常规的、偶然的波浪，来排忧解闷。所以游戏和艺术的需要在闲散时愈紧迫。就这个意义说，它们确实是一种“消遣”。

儿童在游戏时意造空中楼阁，大概都现出这几个特点。他们的想象力还没有受经验和理智束缚死，还能去来无碍。只要有一点实事实物触动他们的思路，他们立刻就生出一种意境，在一弹指间就把这种意境渲染成五光十彩。念头一动，随便什么事物都变成他们的玩具，你给他们一个世界，他们立刻就可以造出许多变化离奇的世界来交还你。他们就是艺术家。一般艺术家都是所谓“大人者不失其赤子之心”。

艺术家虽然“不失其赤子之心”，但是他究竟是“大人”，有赤子所没有的老练和严肃。游戏究竟只是雏形的艺术而不就是艺术。它和艺术有三个重要的异点。

一、艺术都带有社会性，而游戏却不带社会性。儿童在游戏时只图自己高兴，并没有意思要拿游戏来博得旁观者的同情和赞赏。在表面看，这似乎是偏于唯我主义，但是这实在由于自我观念不发达。他们根本就没有把物和我分得很清楚，所以说不到求人同情于我的意思。艺术的创造则必有欣赏者。艺术家见到一种意境或是感到一种情趣，自得其乐还不甘心，他还要旁人也能见到这种意境，感到这种情趣。他固然不迎合社会心理去沽名钓誉，但是他是一个热情者，总不免希望世有知音同情。因此艺术不像克罗齐派美学家所说的，只达到“表现”就可以了事，它还要能“传达”。在原始时期，艺术的作者就是全民众，后来艺术家虽自成一阶级，他们的作品仍然是全民众的公有物。艺术好比一棵花，社会好比土壤，土壤比较肥沃，花也自然比较茂盛。艺术的风尚一半是作者造成的，一半也是社会造成的。

二、游戏没有社会性，只顾把所欣赏的意象“表现”出来；艺术有社会性，还要进一步把这种意象传达于天下后世。所以游戏不必有作品而艺术则必有作品。游戏只是逢场作戏，比如儿童堆砂为屋，还未堆成，即已推倒，既已尽兴，便无留恋。艺术家对于得意的作品常加意珍护，像慈母待婴儿一般。音乐家贝多芬常言生存是一大痛苦，如果他不是心中有未尽之蕴要谱于乐曲，他久已自杀。司马迁也是因为要作《史记》，所以隐忍受腐刑的羞辱。从这些实例看，可知艺术家对于艺术比一切都看重。他们自己知道珍贵美的形象，也希望旁人能同样地珍贵它。他自己见到一种精灵，并且想使这种精灵在人间永存不朽。

三、艺术家既然要借作品“传达”他的情思给旁人，使旁人也能同赏共乐，便不能不研究“传达”所必需的技巧。他第一要研究他所借以传达的媒介，第二要研究应用这种媒介如何可以造成美形式出来。比如说作诗文，语言就是媒介。这种媒介要恰能传出情思，不可任意乱用。相传欧阳修《尽锦堂记》首两句本是“仕宦至将相，富贵归故乡”，送稿的使者已走过几百里路了，他还要打发人骑快马去添两个“而”字。文人用字不苟且，通常如此。儿童在游戏时对于所用的媒介绝不这样谨慎选择。他戏骑马时遇着竹帚就用竹帚，遇着板凳就用板凳，反正这不过是一种代替意象的符号，只要他自己以为那是马就行了，至于旁人看见时是否也恰能想到马的意象，他却丝毫不介意。倘若画家意在马而画一个竹帚出来，谁人能了解他的原意呢？艺术的内容和形式都要恰能融合一气，这种融合就是美。

总而言之，艺术虽伏根于游戏本能，但是因为同时带有社会性，须留有作品传达情思于观者，不能不顾到媒介的选择和技巧的锻炼。它逐渐发达到现在，已经在游戏前面走得很远，令游戏望尘莫及了。

节选自《谈美》，开明书店 1933 年初版

原题为"'大人者不失其赤子之心'——艺术与游戏"

创造与模仿

技巧可以分为两项说，一项是关于传达的方法，一项是关于媒介的知识。

先说传达的方法。我们在上文见过，凡是创造之中都有欣赏，但是创造却不仅是欣赏。创造和欣赏都要见到一种意境。欣赏见到意境就止步，创造却要再进一步，把这种意境外射到具体的作品上去。见到一种意境是一件事，把这种意境传达出来让旁人领略又是一件事。

比如我此刻想象到一个很美的夜景，其中园亭、花木、湖山、风月，件件都了然于心，可是我不能把它画出来。我何以不能把它画出来呢？因为我不能动手，不能像支配筋肉一样任意活动。我如果勉强动手，我所画出来的全不像我所想出来的，我本来要画一条直线，画出来的线却是七弯八扭，我的手不能听我的心指使。穷究到底，艺术的创造不过是手能从心，不过是能任所欣赏的意象支配筋肉的活动，使筋肉所变的动作恰能把意象画在纸上或是刻在石上。

这种筋肉活动不是天生自在的，它须费一番功夫才学得来。我想到一只虎不能画出一只虎来，但是我想到“虎”字却能信手写一个“虎”字出来。我写“虎”字毫不费事，但是不识字的农夫看我写“虎”字，正犹如我看画家画虎一样惊羡。一只虎和一个“虎”字在心中时都不过是一种意象，何以“虎”字的意象能供我的手腕作写“虎”字的活动，而虎的意象却不能使我的手腕作画虎的活动呢？这个分别全在有练习与没有练习。我练习过写字，却没有练习过作画。我的手腕筋肉只有写“虎”字的习惯，没有画虎的习惯。筋肉活动成了习惯以后就非常纯熟，可以从心所欲，意到笔随；但是在最初养成这种习惯时，好比小孩子学走路，大人初学游水，都要跌几跤或是喝几次水，才可以学会。

各种艺术都各有它的特殊的筋肉的技巧。例如写字、作画、弹琴等等要有手腕筋肉的技巧，唱歌、吹箫要有喉舌唇齿诸筋肉的技巧，跳舞要有全身筋肉的技巧（严格地说，各种艺术都要有全身筋肉的技巧）。要想学一门艺术，就要先学它的特殊的筋肉的技巧。

学一门艺术的特殊的筋肉技巧，要用什么方法呢？起初都要模仿。“模仿”和“学习”本来不是两件事。姑且拿写字作例来说。小儿学写字，最初是描红，其次是写印本，再其次是临帖。这些方法都是借旁人所写的字做榜样，逐渐养成手腕筋肉的习惯。但是就我自己的经验来说，学写字最得益的方法是站在书家的身旁，看他如何提笔，如何运用手腕，如何使全身筋肉力量贯注在手腕上。他的筋肉习惯已养成了，在实地观察他的筋肉如何动作时，我可以讨一点诀窍来，免得自己去暗中摸索，尤其重要的是免得自己养成不良的筋肉习惯。

推广一点说，一切艺术上的模仿都可以作如是观。比如说作诗作文，似乎没有什么筋肉的技巧，其实也是一理。诗文都要有情感和思想。情感都见于筋肉的活动，我们在前面已经说过。思想离不开语言，语言离不开喉舌的动作。比如想到“虎”字时，喉舌间都不免起若干说出“虎”字的筋肉动作。这是行为派心理学的创见，现在已逐渐为一般心理学家所公认。诗人和文人常喜欢说“思路”，所谓“思路”并无若何玄妙，也不过是筋肉活动所走的特殊方向而已。

诗文上的筋肉活动是否可以模仿呢？它也并不是例外。中国诗人和文人向来着重“气”字，我们现在来把这个“气”字研究一番，就可以知道模仿筋肉活动的道理。曾国藩在《家训》里说过一段话，很可以值得我们注意：

> 凡作诗最宜讲究声调，须熟读古人佳篇，先之以高声朗诵，以昌其气；继之以密咏恬吟，以玩其味。二者并进，使古人之声调拂拂然若与我喉舌相习，则下笔时必有句调奔赴腕下，诗成自读之，亦自觉琅琅可诵，引出一种兴会来。

从这段话看，可知“气”与声调有关，而声调又与喉舌运动有关。韩昌黎也说过：“气盛则言之短长与声之高下皆宜。”声本于气，所以想得古人之气，不得不求之于声。求之于声，即不能不朗诵。朱晦庵曾经说过：“韩昌黎、苏明允作文，敝一生之精力，皆从古人声响学。”所以从前古文家教人作文最重朗诵。

姚姬传与陈硕士书说：“大抵学古文者，必须放声疾读，又缓读，只久之自悟。若但能默看，即终身作外行也。”朗诵既久，则古人之声就可以在我的喉舌筋肉上留下痕迹，“拂拂然若与我喉舌相习”，到我自己下笔时，喉舌也自然顺这个痕迹而活动，所谓“必有句调奔赴腕下”。要看自己的诗文的气是否顺畅，也要吟哦才行，因为吟哦时喉舌间所习得的习惯动作就可以再现出来。从此可知从前人所谓“气”也就是一种筋肉技巧了。

关于传达的技巧大要如此，现在再讲关于媒介的知识。

什么叫作“媒介”？它就是艺术传达所用的工具。比如颜色、线形是图画的媒介，金石是雕刻的媒介，文字语言是文学的媒介。艺术家对于他所用的媒介也要有一番研究。比如达·芬奇的《最后的晚餐》是文艺复兴时代最大的杰作。但是他的原迹是用一种不耐潮湿的油彩画在一个易受潮湿的墙壁上，所以没过多少时候就剥落消失去了。这就是对于媒介欠研究。再比如建筑，它的媒介是泥石，它要把泥石砌成一个美的形象。建筑家都要有几何学和力学的知识，才能运用泥石；他还要明白他的媒介对于观者所生的影响，才不至于乱用材料。希腊建筑家往往把石柱的腰部雕得比上下都粗壮些，但是看起来它的粗细却和上下一律，因为腰部是受压时最易折断的地方，容易引起它比上下较细弱的错觉，把腰部雕粗些，才可以弥补这种错觉。

在各门艺术之中都有如此等类的关于媒介的专门知识，文学方面尤其显著。诗文都以语言文字为媒介。作诗文的人一要懂得字义，二要懂得字音，三要懂得字句的排列法，四要懂得某字某句的音义对于读者所生的影响。这四样都是专门的学问。前人对于这些学问已逐渐蓄积起许多经验和成绩，而不是任何人只手空拳、毫无凭借地在一生之内所可得到的。自己既不能件件去发明，就不得不利用前人的经验和成绩。文学家对于语言文字是如此，一切其他艺术家对于他的特殊的媒介也莫不然。各种艺术都同时是一种学问，都有无数年代所积成的技巧。学一门艺术，就要学该门艺术所特有的学问和技巧。这种学习就是利用过去经验，就是吸收已有文化，也就是模仿的一端。

古今大艺术家在少年时所做的功夫大半都偏在模仿。米开朗琪罗费过半生的功夫研究希腊罗马的雕刻，莎士比亚也费过半生的功夫模仿和改作前人的剧本，这是最显著的例。中国诗人中最不像用过功夫的莫过于李太白，但是他的集中模拟古人的作品极多，只略看看他的诗题就可以见出。杜工部说过："李侯有佳句，往往似阴铿。"他自己也说过："解道澄江静如练，令人长忆谢玄晖。"他对于过去诗人的关系可以想见了。

艺术家从模仿入手，正如小儿学语言，打网球者学姿势，跳舞者学步法一样，并没有什么玄妙，也并没有什么荒唐。不过这步功夫只是创造的始基。没有做到这步功夫和做到这步功夫就止步，都不足以言创造。我们在前面说过，创造是旧经验的新综合。旧经验大半得诸模仿，新综合则必自出心裁。

像格律一样，模仿也有流弊，但是这也不是模仿本身的罪过。从前学者有人提倡模仿，也有人唾骂模仿，往往都各有各的道理，其实并不冲突。顾亭林的《日知录》里有一条说：

> 诗文之所以代变，有不得不然者。一代之文，沿袭已久，不容人人皆道此语。今且千数百年矣，而犹取古人之陈言一一而模仿之，以是为诗可乎？故不似则失其所以为诗，似则失其所以为我。

这是一段极有意味的话，但是他的结论是突如其来的。“不似则失其所以为诗”一句和上文所举的理由恰相反。他一方面见到模仿古人不足以为诗，一方面又见到不似古人则失其所以为诗。这不是一个矛盾么？

这其实并不是矛盾。诗和其他艺术一样，须从模仿入手，所以不能不似古人，不似则失其所以为诗；但是它须归于创造，所以又不能全似古人，全似古人则失其所以为我。创造不能无模仿，但是只有模仿也不能算是创造。

凡是艺术家都须有一半是诗人，一半是匠人。他要有诗人的妙悟，要有匠人的手腕。只有匠人的手腕而没有诗人的妙悟，固不能有创作；只有诗人的妙悟而没有匠人的手腕，即创作亦难尽善尽美。妙悟来自性灵，手腕则可得于模仿。匠人虽比诗人身份低，但亦绝不可少。青年作家往往忽略这一点。

节选自《谈美》，开明书店 1933 年初版

原题为“‘不似则失其所以为诗，似则失其所以为我’——创造与模仿”

天才与灵感

生来死去的人何止恒河沙数？真正的大诗人和大艺术家是在一口气里就可以数得完的。何以同是人，有的能创造，有的不能创造呢？在一般人看，这全是由于天才的厚薄。他们以为艺术全是天才的表现，于是天才成为懒人的借口。聪明人说，我有天才，有天才何事不可为？用不着去下功夫。迟钝人说，我没有艺术的天才，就是下功夫也无益。于是艺术方面就无学问可谈了。

“天才”究竟是怎么一回事呢？

它自然有一部分得诸遗传。有许多学者常喜欢替大创造家和大发明家理家谱，说莫扎特有几代祖宗会音乐，达尔文的祖父也是生物学家，曹操一家出了几个诗人。这种证据固然有相当的价值，但是它绝不能完全解释天才。同父母的兄弟贤愚往往相差很远。曹操的祖宗有什么大成就呢？曹操的后裔又有什么大成就呢？

天才自然也有一部分成于环境。假令莫扎特生在音阶简单、乐器拙陋的蒙昧民族中，也绝不能作出许多复音的交响曲。“社会的遗产”是不可蔑视的。文艺批评家常喜欢说，伟大的人物都是他们的时代的骄子，艺术是时代和环境的产品。这话也有不尽然。同是一个时代而成就却往往不同。英国在产生莎士比亚的时代和西班牙是一般隆盛，而当时西班牙并没有产生伟大的作者。伟大的时代不一定能产生伟大的艺术。美国的独立、法国的大革命在近代都是极重大的事件，而当时艺术却卑卑不足高论。伟大的艺术也不必有伟大的时代做背景，席勒和歌德的时代，德国还是一个没有统一的纷乱的国家。

我承认遗传和环境的影响非常重大，但是我相信它们都不能完全解释天才。在固定的遗传和环境之下，个人还有努力的余地。遗传和环境对于人只是一个机会，一种本钱，至于能否利用这个机会，能否拿这笔本钱去做出生意来，则所谓“神而明之，存乎其人”。有些人天资颇高而成就则平凡，他们好比有大本钱而没有做出大生意；也有些人天资并不特异而成就则斐然可观，他们好比拿小本钱而做出大生意。这中间的差别就在努力与不努力了。牛顿可以说是科学家中一个天才了，他常常说：“天才只是长久的耐苦。”这话虽似稍嫌过火，却含有很深的真理。只有死功夫固然不尽能发明或创造，但是能发明创造者却大半是下过死功夫来的。哲学中的康德、科学中的牛顿、雕刻图画中的米开朗琪罗、音乐中的贝多芬、书法中的王羲之、诗中的杜工部，这些实例已经够证明人力的重要，又何必多举呢？

最容易显出天才的地方是灵感。我们只须就灵感研究一番，就可以见出天才的完成不可无人力了。

杜工部尝自道经验说：“读书破万卷，下笔如有神。”所谓“灵感”就是杜工部所说的“神”，“读书破万卷”是功夫，“下笔如有神”是灵感。据杜工部的经验看，灵感是从功夫出来的。如果我们借心理学的帮助来分析灵感，也可以得到同样的结论。

灵感有三个特征：

一、它是突如其来的，出于作者自己意料之外的。根据灵感的作品大半来得极快。从表面看，我们寻不出预备的痕迹。作者丝毫不费心血，意象涌上心头时，他只要信笔疾书。有时作品已经创造成功了，他自己才知道无意中又成了一件作品。歌德著《少年维特之烦恼》的经过，便是如此。据他自己说，他有一天听到一位少年失恋自杀的消息，突然间仿佛见到一道光在眼前闪过，立刻就想出全书的框架。他费两个星期的工夫一口气把它写成。在复看原稿时，他自己很惊讶，没有费力就写成一本书，告诉人说：“这部小册子好像是一个患睡行症者在梦中作成的。”

二、它是不由自主的，有时苦心搜索而不能得的偶然在无意之中涌上心头。希望它来时它偏不来，不希望它来时它却蓦然出现。法国音乐家柏辽兹有一次替一首诗作乐谱，全诗都谱成了，只有收尾一句（“可怜的兵士，我终于要再见法兰西！”）无法可谱。他再三思索，不能想出一段乐调来传达这句诗的情思，终于把它搁起。两年之后，他到罗马去玩，失足落水，爬起来时口里所唱的乐调，恰是两年前所再三思索而不能得的。

三、它也是突如其去的，练习作诗文的人大半都知道“败兴”的味道。“兴”也就是灵感。诗文和一切艺术一样都宜于乘兴会来时下手。兴会一来，思致自然滔滔不绝。没有兴会时写一句极平常的话倒比写什么还难。兴会来时最忌外扰。本来文思正在源源而来，外面狗叫一声，或是墨水猛然打倒了，便会把思路打断。断了之后就想尽方法也接不上来。谢无逸问潘大临近来作诗没有，潘大临回答说：“秋来日日是诗思。昨日捉笔得‘满城风雨近重阳’之句，忽催租人至，令人意败。辄以此一句奉寄。”这是“败兴”的最好的例子。

灵感既然是突如其来，突然而去，不由自主，那不就无法可以用人力来解释么？从前人大半以为灵感非人力，以为它是神灵的感动和启示。在灵感之中，仿佛有神灵凭附作者的躯体，暗中驱遣他的手腕，他只是坐享其成。但是从近代心理学发现潜意识活动之后，这种神秘的解释就不能成立了。

什么叫作“潜意识”呢？我们的心理活动不尽是自己所能觉到的。自己的意识所不能察觉到的心理活动就属于潜意识。意识既不能察觉到，我们何以知道它存在呢？变态心理中有许多事实可以为凭。比如说催眠，受催眠者可以谈话、做事、写文章、做数学题，但是醒过来后对于催眠状态中所说的话和所做的事往往完全不知道。此外还有许多精神病人现出“两重人格”。例如一个人乘火车在半途跌下，把原来的经验完全忘记，换过姓名在附近镇市上做了几个月的买卖。有一天他忽然醒过来，发现身边事物都是不认识的，才自疑何以走到这么一个地方。旁人告诉他说他在那里开过几个月的店，他绝对不肯相信。心理学家根据许多类似事实，断定人于意识之外又有潜意识，在潜意识中也可以运用意志、思想，受催眠者和精神病人便是如此。在通常健全心理中，意识压倒潜意识，只让它在暗中活动。在变态心理中，意识和潜意识交替来去。它们完全分裂开来，意识活动时潜意识便沉下去，潜意识涌现时便把意识淹没。

灵感就是在潜意识中酝酿成的情思猛然涌现于意识。它好比伏兵，在未开火之前，只是鸦雀无声地准备，号令一发，它乘其不备地发动总攻击，一鼓而下敌。在没有侦探清楚的敌人（意识）看，它好比周亚夫将兵从天而至一样。这个道理我们可以拿一件浅近的事实来说明。我们在初练习写字时，天天觉得自己在进步，过几个月之后，进步就猛然停顿起来，觉得字越写越坏。但是再过些时候，自己又猛然觉得进步。进步之后又停顿，停顿之后又进步，如此辗转几次，字才写得好。学别的技艺也是如此。据心理学家的实验，在进步停顿时，你如果索性不练习，把它丢开去做旁的事，过些时候再起手来写，字仍然比停顿以前较进步。这是什么道理呢？就因为在意识中思索的东西应该让它在潜意识中酝酿一些时候才会成熟。功夫没有错用的，你自己以为劳而不获，但是你在潜意识中实在仍然于无形中收效果。所以心理学家有“夏天学溜冰，冬天学泅水”的说法。溜冰本来是在前一个冬天练习的，今年夏天你虽然是在做旁的事，没有想到溜冰，但是溜冰的筋肉技巧却恰在这个不溜冰的时节暗里培养成功。一切脑的工作也是如此。

灵感是潜意识中的工作在意识中的收获。它虽是突如其来，却不是毫无准备。法国大数学家潘嘉赉常说他的关于数学的发明大半是在街头闲逛时无意中得来的。但是我们从来没有听过有一个人向来没有在数学上用功夫，猛然在街头闲逛时发明数学上的重要原则。在罗马落水的如果不是素习音乐的柏辽兹，跳出水时也绝不会随口唱出一曲乐调。他的乐调是费过两年的潜意识酝酿的。

从此我们可以知道“读书破万卷，下笔如有神”两句诗是至理名言了。不过灵感的培养正不必限于读书。人只要留心，处处都是学问。艺术家往往在他的艺术范围之外下功夫，在别种艺术之中玩索得一种意象，让它沉在潜意识里去酝酿一番，然后再用他的本行艺术的媒介把它翻译出来。吴道子生平得意的作品为洛阳天宫寺的神鬼，他在下笔之前，先请斐旻舞剑一回给他看，在剑法中得着笔意。张旭是唐朝的草书大家，他尝自道经验说：“始吾见公主担夫争路，而得笔法之意；后见公孙氏舞剑器，而得其神。”王羲之的书法相传是从看鹅掌拨水得来的。法国大雕刻家罗丹也说道：“你问我在什么地方学来的雕刻？在深林里看树，在路上看云，在雕刻室里研究模型学来的。我在到处学，只是不在学校里。”

从这些实例看，我们可知各门艺术的意象都可触类旁通。书画家可以从剑的飞舞或鹅掌的拨动之中得到一种特殊的筋肉感觉来助笔力，可以得到一种特殊的胸襟来增进书画的神韵和气势。推广一点说，凡是艺术家都不宜只在本行小范围之内用功夫，须处处留心玩索，才有深厚的修养。鱼跃鸢飞，风起水涌，以至于一尘之微，当其接触感官时我们虽常不自觉其在心灵中可生若何影响，但是到挥毫运斤时，它们都会涌到手腕上来，在无形中驱遣它，左右它。在作品的外表上我们虽不必看出这些意象的痕迹，但是一笔一画之中都潜寓它们的神韵和气魄。这样意象的蕴蓄便是灵感的培养。它们在潜意识中好比桑叶到了蚕腹，经过一番咀嚼组织而成丝，丝虽然已不是桑叶而却是从桑叶变来的。

节选自《谈美》，开明书店 1933 年初版

原题为"'读书破万卷，下笔如有神'——天才与灵感"

想象与写实

在这些短文里，我着重学习文学的实际问题，想撇开空泛的理论，不过对于想象与写实这个理论上的争执不能不提出一谈，因为它不仅有关于写作基本态度上的分别，而且涉及对于文艺本质的认识。这个理论上的争执在十九世纪后期闹得最剧烈。在十九世纪前期，浪漫主义风靡一时，它反抗前世纪假古典主义过于崇拜理智的倾向，特提出“情感”和“想象”两大口号。浪漫作者坚信文艺必须表现情感，而表现情感必借想象。在他们的心目中与想象对立的是理智，是形式逻辑，是现实的限制。想象须超过理智，打破形式逻辑与现实的限制，任情感的指使，把现实世界的事理情态看成一个顽皮孩子的手中的泥土，任他搬弄糅合，造成一种基于现实而又超于现实的意象世界。这意象世界或许是空中楼阁，但空中楼阁也要完整美观，甚至于比地上楼阁还要更合于情理。这是浪漫作者的信条，在履行信条之中，他们有时不免因走极端而生流弊。比如说，过于信任想象，蔑视事实，就不免让主观的成见与幻想作祟，使作品离奇到不近情理，空洞到不切人生。因此到了十九世纪后期，文学界起了一个大反动，继起的写实主义咒骂主观的想象情感，一如从前浪漫主义咒骂理智和常识。写实作家的信条在消极方面是不任主观，不动情感，不凭空想；在积极方面是尽量寻求实际人生经验，应用自然科学的方法搜集“证据”，写自己所最清楚的，愈忠实愈好。浪漫派的法宝是想象，毕生未见大海的人可以歌咏大海；写实派的法宝是经验，要写非洲的故事便须背起行囊亲自到非洲去观察。

这显然是写作态度上一个基本的分别。在谈写作练习时我曾经说过初学者须认清自己知解的限度，与其在浪漫派作家所谓“想象”上做功夫，不如在写实派作家所谓“证据”上做功夫，多增加生活经验，把那限度逐渐扩大。不过这只是就写作训练来说，如果就文艺本质作无偏无颇的探讨，我们应该知道，凡是真正的文艺作品都必同时是写实的与想象的。想象与写实相需为用，并行不悖，并不如一般人所想象的那样绝对相反。理由很简单，凡是艺术创造都是旧经验的新综合。经验是材料，综合是艺术的运用。唯其是旧经验，所以读者可各凭经验去了解；唯其是新综合，所以见出艺术的创造，每个作家的特殊心裁。所谓“写实”就是根据经验，所谓“想象”就是集旧经验加以新综合（想象就是“综合”或“整理”）。想象绝不能不根据经验，神鬼和天堂地狱虽然都是想象的，可也是都根据人和现世想象出来的。神鬼都像人一样有四肢五官，能思想行动；天堂地狱都像现世一样有时间空间和摆布在时空中的事事物物，如宫殿楼阁饮食男女之类。一切艺术的想象都可以作如是观。至于经验——写实派所谓“证据”——本身不能成为艺术，它必须透过作者的头脑，在那里引起一番意匠经营，一番选择与安排，一番想象，然后才能产生作品。任何作品所写的经验绝不能与未写以前的实际经验完全一致，如同食物下了咽喉未经消化就排泄出来一样。食物如果要成为生命素，必经消化；人生经验如果要形成艺术作品，必经心灵熔铸。从艺术观点看，这熔铸的功夫比经验还更重要千百倍，因为经验人人都有，却不是每个人都能表现他的经验成为艺术家。许多只信“证据”而不信“想象”的人为着要产生作品，钻进许多偏僻的角落里讨实际生活，实际生活算是讨到手了，作品仍是杳无踪影；这正如许多书蠹读过成千成万卷的书，自己却无能力写出一本够得上称为文艺作品的书，是同一道理。

极端的写实主义者对于“写实”还另有一个过激的看法，写实不仅根据人生经验，而且要忠实地保存人生经验的本来面目，不许主观的想象去矫揉造作。据我们所知，写实派大师像福楼拜、屠格涅夫诸人并不曾实践这种理论。但是有一班第三四流写实派作家往往拿这种理论去维护他们的艺术失败。他们的影响在中国文艺界似开始流毒。“报告文学”作品有许多都很芜杂零乱，没有艺术性。我们首先要明白的是写实派所谓“实”。文艺作品应该富于“真实感”，“对自然真实”，或是“对人生真实”，这都是没有问题的；问题在“什么叫作真实”，这是一个哲学上的问题，这里不能详谈，我们只能说，判断任何事物是否真实，须有一个立场。从某一个立场看一件事物是真实的，从另一个立场看它，可能是不真实。这就是说，世间并不只有一种真实。概略地说，真实有三种，大家所常认得的是“历史的真实”，这也可以叫作“现象的真实”。比如说，“中国在亚洲”，“秦始皇焚书坑儒”，“张三昨天和他的太太吵了一架”，“李四今天跌了一跤”，这些都是曾经在自然界发生过的现象，在历史上是真实的。其次是“逻辑的真实”。比如说，“凡人皆有死”，“勾方加股方等于弦方”，“白马之白犹白玉之白”，“自由意志论与命定论不能并存”，这些都是于理为必然的事实，经过逻辑思考而证其为真实的。现象的真实不必合于逻辑的真实，比如现象界并无绝对的圆，而绝对的圆在逻辑上仍有它的真实性。第三就是“诗的真实”或“艺术的真实”。在一个作品以内，所有的人物内心生活与外表行动都写得尽情尽理，首尾融贯整一，成为一种独立自主的世界，一种生命与形体谐和一致的有机体，那个作品和它里面所包括的一切就有“诗的真实”。比如说，在《红楼梦》那圈套里，贾宝玉应该那样痴情，林黛玉应该那样心窄，薛宝钗应该那样圆通，在任何场合，他们一举一动，一言一笑，都切合他们的身份，表现他们的性格，叫我们惊疑他们“真实”，虽然这一切在历史上都是子虚乌有。

极端的写实派的错误在只求历史的或现象的真实，而忽视诗的真实。艺术作品不能不有几分历史的真实，因为它多少要有实际经验上的根据；它却也不能只有历史的真实，因为它是艺术，而艺术必于“自然”之上加以“人为”，不仅如照相底片那样呆板地反映人物形象。艺术创造是旧经验的新综合。旧经验在历史上是真实的，新综合却必须在诗上是真实的。要审问一件事物在历史上是否真实，我们问：它是否发生过？有无事实证明？要审问一件事物在诗上是否真实，我们问：衡情度理，它是否应该如此？在完整体系（即作品）以内，它与全部是否融贯一致？不消说得，就艺术观点来说，最重要的真实是诗的真实而不是历史的真实；因为世间一切已然现象都有历史的事实，而诗的真实只有在艺术作品中才有，一件作品在具有诗的真实时才能成其为艺术。

我们还可以进一步说，诗的真实高于历史的真实。自然界无数事物并存交错，繁复零乱，其中尽管有关系条理，却忽起忽没，若隐若现，有时现首不现尾，有时现尾不现首，我们一眼看去，无从把某一事物的来踪去向从繁复事态中单提出来，把它看成一个融贯整一的有机体。文艺作品都有一个"母题"或一个主旨，一切人物故事、情感动作，都以这主旨为中心，可以附丽到这主旨上去的摄取来，一切无关主旨的都排弃去，而且在摄取的材料之中轻重浓淡又各随班就位，所以关系条理不但比较明显，也比较紧凑，没有自然现象所常呈现的颠倒错乱，也没有所谓"偶然"。自然界现象只是"如此如此"，而文艺作品所写的事变则在接受了一些假定的条件之下，每一样都是"必须如此如此"。比如拿人物来说，文学家所创造的角色如哈姆雷特、夏洛克、达尔杜弗、卡拉马佐夫、鲁智深、刘姥姥、严贡生之类，比我们在实际生活中的常遇见的类似的典型人物还更入情入理。我们指不出某一个人恰恰是夏洛克或刘姥姥，但是觉得世间有许多人都有几分像他们。根据这个事实去想，我们可以见出诗的真实高于历史的真实是颠扑不破的至理。亚里士多德说"诗比历史更富于哲理"，意思也就在此。诗的真实所以高于历史的真实者，因为自然现象界是未经发掘的矿坑，文艺所创造的世界是提炼过的不存一点渣滓的赤金纯钢。艺术的功夫就在这种提炼上见出，它就是我们所说的“想象”。

中国文学理论家向重“境界”二字，王静安在《人间词话》里提出“造境”和“写境”的分别，以为“造境”即“理想”（即“想象”），“写境”即“写实”，并加以补充说：“二者颇难分别，因大诗人所造之境必合乎自然，所写之境亦必邻于理想。”这话很精妙，其实充类至尽，写境仍是造境，文艺都离不掉自然，也都离不掉想象，写实与想象的分别终究是一庸俗的分别。文艺的难事在造境，凡是人物性格事变原委等等都要借境界才能显出。境界就是情景交融事理相契的独立自主的世界，它的真实性就在它的融贯整一，它的完美，“完”与“美”是不能分开的。这世界当然要反映人生自然，但是也必须是人生自然经过重新整理。大约文艺家对于人生自然必须经过三种阶段。头一层他必须跳进里面去生活过（live），才能透懂其中甘苦；其次他必须跳到外面观照过（contemplate），才能认清它的形象；经过这样的主观的尝受和客观的玩索以后，他最后必须把自己所得到的印象加以整理（organize），整理之后，生糙的人生自然才变成艺术的融贯整一的境界。写实主义所侧重的是第一阶段，理想主义所侧重的是第三阶段，其实这三个阶段都是不可偏废的。

节选自《谈文学》，开明书店 1946 年初版

情与辞

一切艺术都是抒情的，都必表现一种心灵上的感触，显著的如喜、怒、爱、恶、哀、愁等情绪，微妙的如兴奋、颓唐、忧郁、宁静以及种种不易名状的飘来忽去的心境。文学当作一种艺术看，也是如此。不表现任何情致的文字就不算是文学作品。文字有言情、说理、叙事、状物四大功用，在文学的文字中，无论是说理、叙事、状物，都必须流露一种情致，若不然，那就成为枯燥的没有生趣的日常应用文字，如账簿、图表、数理化教科书之类。不过这种界线也很不容易划清，因为人是有情感的动物，而情感是容易为理、事、物所触动的。许多哲学的、史学的甚至于科学的著作都带有几分文学性，就是因为这个道理。我们不运用言辞则已，一运用言辞，就难免要表现几分主观的心理倾向，至少也要有一种“理智的信念”（intellectual conviction），这仍是一种心情。

情感和思想通常被人认为是对立的两种心理活动。文字所表现的不是思想，就是情感。其实情感和思想常互相影响，互相融会。除掉惊叹语和谐声语之外，情感无法直接表现于文字，都必借事理物烘托出来，这就是说，都必须化成思想。这道理在中国古代有刘彦和说得最透辟。《文心雕龙》的《熔裁》篇里有这几句话："草创鸿笔，先标三准。履端于始，则设情以位体；举正于中，则酌事以取类；归余于终，则撮辞以举要。"

用现代话来说，行文有三个步骤，第一步要心中先有一种情致，其次要找出具体的事物可以烘托出这种情致，这就是思想分内的事，最后要找出适当的文辞把这内在的情思化合体表达出来。近代美学家克罗齐的看法恰与刘彦和的一致。文艺先须有要表现的情感，这情感必融会于一种完整的具体意象（刘彦和所谓"事"），即借那个意象得表现，然后用语言把它记载下来。

我特别提出这一个中外不谋而合的学说来，用意是在着重这三个步骤中的第二个步骤。这是一般人所常忽略的。一般人常以为由"情"可以直接到"辞"，不想到中间须经过一个"思"的阶段，尤其是十九世纪浪漫派理论家主张"文学为情感的自然流露"，很容易使人发生这种误解。在这里我们不妨略谈艺术与自然的关系和分别。艺术（art）原义为"人为"，自然是不假人为的；所以艺术与自然处在对立的地位，是自然就不是艺术，是艺术就不是自然。说艺术是"人为的"就无异于说它是"创造的"。创造也并非无中生有，它必有所本，自然就是艺术所本。艺术根据自然，加以熔铸雕琢，选择安排，结果乃是一种超自然的世界。换句话说，自然须通过作者的心灵，在里面经过一番意匠经营，才变成艺术。艺术所以为艺术，全在“自然”之上加这一番“人为”。

这番话并非题外话。我们要了解情与辞的道理，必先了解这一点艺术与自然的道理。情是自然，融情于思，达之于辞，才是文学的艺术。在文学的艺术中，情感须经过意象化和文辞化，才算得到表现。人人都知道文学不能没有真正的情感，不过如果只有真正的情感，还是无济于事。你和我何尝没有过真正的情感？何尝不自觉平生经验有不少的诗和小说的材料？但是诗在哪里？小说在哪里？浑身都是情感不能保障一个人成为文学家，犹如满山都是大理石不能保障那座山有雕刻，是同样的道理。

一个作家如果信赖他的生糙的情感，让它“自然流露”，结果会像一个掘石匠而不能像一个雕刻家。雕刻家的任务在把一块顽石雕成一个石像，这就是说，给那块顽石一个完整的形式，一条有灵有肉的生命。文学家对于情感也是如此。英国诗人华兹华斯有一句名言：“诗起于在沉静中回味过来的情绪。”在沉静中加过一番回味，情感才由主观的感触变成客观的观照对象，才能受思想的洗练与润色，思想才能为依稀隐约不易捉摸的情感造出一个完整的可捉摸的形式和生命。这个诗的原理可以应用于一切文学作品。

这一番话是偏就作者自己的情感说。从情感须经过观照与思索而言，通常所谓“主观的”就必须化为“客观的”，我必须跳开小我的圈套，站在客观的地位，来观照我自己，检讨我自己，把我自己的情感思想和行动姿态当作一幅画或是一幕戏来点染烘托。古人有“痛定思痛”的说法，不只是“痛”，写自己的一切的切身经验都必须从追忆着手，这就是说，都必须把过去的我当作另一个人去看。我们需要客观的冷静的态度。明白这个道理，我们也就应该明白在文艺上通常所说的“主观的”与“客观的”分别是粗浅的，一切文学创作都必须是“客观的”，连写“主观的经验”也是如此。

但是一个文学家不应只在写自传，独角演不成戏，虽然写自传，他也要写到旁人，也要表现旁人的内心生活和外表行动。许多大文学家向来不轻易暴露自己，而专写自身以外的人物，莎士比亚便是著例。形形色色的人物的心理变化在他们手中都可以写得惟妙惟肖，淋漓尽致。他们所以能做到这一点，因为他们会设身处地去想象，钻进所写人物的心窍，和他们同样想，同样感，过同样的内心生活。写哈姆雷特，作者自己在想象中就变成哈姆雷特；写林黛玉，作者自己在想象中也就要变成林黛玉。明白这个道理，我们也就应该明白一切文学创作都必须是“主观的”，所写的材料尽管是通常所谓“客观的”，作者也必须在想象中把它化成亲身经验。

总之，作者对于所要表现的情感，无论是自己的或旁人的，都必须能“入乎其内，出乎其外”，体验过也观照过；热烈地尝过滋味，也沉静地回味过，在沉静中经过回味，情感便受思想熔铸，由此附丽到具体的意象，也由此产生传达的语言（即所谓“辞”），艺术作用就全在这过程上面。

在另一篇文章里我已讨论过情感思想与语文的关系，在这里我不再作哲理的剖析，只就情与辞在分量上的分配略谈一谈。就大概说，文学作品可分为三种：“情尽乎辞”，“情溢乎辞”，或是“辞溢乎情”。

心里感觉到十分，口里也就说出十分，那是“情尽乎辞”；心里感觉到十分，口里只说出七八分，那是“情溢乎辞”；心里只感觉到七八分，口里却说出十分，那是“辞溢乎情”。德国哲学家黑格尔曾经指出与此类似的分别，不过他把“情”叫作“精神”，“辞”叫作“物质”。艺术以物质表现精神，物质恰足表现精神的是“古典艺术”，例如希腊雕刻，体肤恰足以表现心灵；精神溢于物质的是“浪漫艺术”，例如中世纪“哥特式”雕刻和建筑，热烈的情感与崇高的希望似乎不能受具体形象的限制，磅礴四射；物质溢于精神的是“象征艺术”（黑格尔的“象征”与法国象征派诗人所谓“象征”绝不相同），例如埃及金字塔，以极笨重庞大的物质堆积在那里，我们只能依稀隐约地见出它所要表现的精神。

黑格尔最推尊古典艺术，就常识说，“情尽乎辞”也应该是文学的理想。“无情者不得尽其辞”“和顺积中，英华外发”“修辞立其诚”，我们的古圣古贤也是如此主张。不过概括立论，都难免有毛病。“情溢乎辞”也未尝没有它的好处。语文有它的限度，尽情吐露有时不可能，纵使可能，意味也不能很深永。艺术的作用不在陈述而在暗示，古人所谓“言有尽而意无穷”。含蓄不尽，意味才显得闳深婉约，读者才可自由驰骋想象，举一反三。把所有的话都说尽了，读者的想象就没有发挥的机会，虽然“观止于此”，究竟“不过尔尔”。拿绘画来打比，描写人物，用工笔画法仔细描绘点染，把一切形色，无论巨细，都尽量地和盘托出，结果反不如用大笔头画法，寥寥数笔，略现轮廓，更来得生动有趣。画家和画匠的分别就在此。画匠多着笔墨不如画家少着笔墨，这中间妙诀在选择与安排之中能以有限寓无限，抓住精要而排去秕糠。黑格尔以为古典艺术的特色在物质恰足表现精神，其实这要看怎样解释，如果当作“情尽乎辞”解，那就显然不很正确，古典艺术的理想是“节制”（restraint）与“静穆”（serenity），也着重中国人所说的“弦外之响”，“不着一字，尽得风流”。

在普通情境之下，“辞溢乎情”总不免是一个大毛病，它很容易流于空洞、腐滥、芜冗。它有些像纸折的花卉，金叶剪成的楼台，绚烂夺目，却不能真正产生一点春意或是富贵气象。我们看到一大堆漂亮的辞藻，期望在里面玩味出来和它相称的情感思想，略经咀嚼，就知道它索然乏味，心里仿佛觉得受了一回骗，作者原来是一个穷人要摆富贵架子！这个毛病是许多老老少少的人所最容易犯的。许多叫作“辞章”的作品，旧诗赋也好，新“美术文”也好，实在是空无所有。

不过“辞溢乎情”有时也别有胜境。汉魏六朝的骈俪文就大体说，都是“辞溢乎情”。固然也有一派人骂那些作品一文不值，可是真正爱好文艺而不夹成见的虚心读者，必能感觉到它们自有一种特殊的风味。我曾平心静气地玩味庾子山的赋、温飞卿的词、李义山的诗、莎士比亚的悲剧和商籁、弥尔顿的长短诗，以及近代新诗试验者如斯温伯恩、马拉梅和罗威尔诸人的作品，觉得他们的好处有一大半在辞藻的高华与精妙，而里面所表现的情趣往往却很普通。这对于我最初是一个大疑团，我无法在理论上找到一个圆满的解释。我放眼看一看大自然，天上灿烂的繁星，大地在盛夏时所呈现葱茏的花卉与锦绣的河山，大都会中所铺陈的高楼大道，红墙碧瓦，车如流水马如龙，说它们有所表现固无不可，不当作它们有所表现，我们就不能借它们娱目赏心么？我再看一看艺术，中国古瓷上的花鸟、刺绣上的凤翅龙鳞，波斯地毯上的以及近代建筑上的图案，贝多芬和瓦格纳的交响曲，不也都够得上说“美丽”，都能令人欣喜？我们欣赏它们所表现的情趣居多呢，还是欣赏它们的形象居多呢？我因而想起，辞藻也可以组成图案画和交响曲，也可以和灿烂繁星、青山绿水同样地供人欣赏。“辞溢乎情”的文章如能做到这地步，我们似也毋庸反对。

刘彦和本有“为情造文”与“为文造情”的说法，我觉得后起的“因情生文，因文生情”的说法比较圆满，一般的文字大半“因情生文”，上段所举的例可以说是“因文生情”。“因情生文”的作品一般人有时可以办得到，“因文生情”的作品就非极大的艺术家不办。在平地起楼阁是寻常事，在空中架楼阁就有赖于神斤鬼斧。虽是在空中，它必须是楼阁，是完整的有机体。一般“辞溢乎情”的文章所以要不得，因为它根本不成为楼阁。不成为楼阁而又悬空，想拿旁人的空中楼阁来替自己辩护，那是狂妄愚蠢。为初学者说法，脚踏实地最稳妥，只求“因情生文”，“情见于辞”，这一步做到了，然后再作高一层的企图。

节选自《谈文学》，开明书店 1946 年初版

精进的程序

文学是一种很艰难的艺术，从初学到成家，中间须经过若干步骤，学者必须循序渐进，不可一蹴而就。拿一个比较浅而易见的比喻来讲，作文有如写字。在初学时，笔拿不稳，手腕运用不能自如，所以结体不能端正匀称，用笔不能平实遒劲，字常是歪的，笔锋常是笨拙扭曲的。这可以说是“疵境”，特色是驳杂不稳，纵然一幅之内间或有一两个字写得好，一个字之内间或有一两笔写得好，但就全体看去，毛病很多。每个人写字都不免要经过这个阶段。如果他略有天资，用力勤，多看碑帖笔迹（多临摹，多向书家请教），他对于结体用笔，分行布白，可以学得一些规模法度，手腕运用得比较灵活了，就可以写出无大毛病、看得过去的字。这可以说是“稳境”，特色是平正工稳，合于规模法度，却没有什么精彩，没有什么独创。多数人不把书法当作一种艺术去研究，只把它当作日常应用的工具，就可以到此为止。如果想再进一步，就须再加揣摩，真草隶篆各体都须尝试一下，各时代的碑版帖札须多读多临，然后荟萃各家各体的长处，造成自家所特有的风格，写成的字可以算得艺术作品，或奇或正，或瘦或肥，都可以说得上“美”。这可以说是“醇境”，特色是凝练典雅，极人工之能事，包世臣和康有为所称的“能品”“佳品”都属于这一境。但是这仍不是极境，因为它还不能完全脱离“匠”的范围，任何人只要一下功夫，到功夫成熟了，都可以达到。最高的是“化境”，不但字的艺术成熟了，而且胸襟学问的修养也成熟了，成熟的艺术修养与成熟的胸襟学问的修养融成一片，于是字不但可以见出驯熟的手腕，还可以表现高超的人格；悲欢离合的情调，山川风云的姿态，哲学宗教的蕴藉，都可以在无形中流露于字里行间，增加字的韵味。这是包世臣和康有为所称的“神品”“妙品”，这种极境只有极少数幸运者才能达到。

作文正如写字。用字像用笔，造句像结体，布局像分行布白。习作就是临摹，读前人的作品犹如看碑帖墨迹，进益的程序也可以分“疵”“稳”“醇”“化”四境。这中间有天资和人力两个要素，有不能纯借天资达到的，也有不能纯借人力达到的。人力不可少，否则始终不能达到“稳境”和“醇境”；天资更不可少，否则达到“稳境”和“醇境”有缓有速，“化境”却永远无法望尘。在“稳境”和“醇境”，我们可以纯粹就艺术而言艺术，可以借规模法度作前进的导引；在“化境”，我们就要超出艺术范围而推广到整个人的人格以至整个的宇宙，规模法度有时失其约束的作用，自然和艺术的对峙也不存在。如果举实例来说，在中国文字中，言情文如屈原的《离骚》，陶渊明和杜工部的诗，说理文如庄子的《逍遥游》《齐物论》和《楞严经》，记事文如太史公的《项羽本纪》《货殖传》和《红楼梦》之类作品都可以说是到了“化境”，其余许多名家大半止于“醇境”或是介于“化境”与“醇境”之间，至于“稳境”和“疵境”都无用举例，你我就大概都在这两个境界中徘徊。

一个人到了艺术较高的境界，关于艺术的原理法则无用说也无可说；有可说而且需要说的是在“疵境”与“稳境”。从前古文家有奉“义法”为金科玉律的，也有攻击“义法”论调的。在我个人看，拿“义法”来绳“化境”的文字，固近于痴人说梦；如果以为学文艺始终可以不讲“义法”，就未免更误事。记得我有一次和沈尹默先生谈写字，他说：“书家和善书者有分别，世间尽管有人不讲规模法度而仍善书，但是没有规模法度就不能成为一个真正的书家。”沈先生自己是“书家”，站在书家的立场他拥护规模法度，可是仍为“善书者”留余地，许他们不要规模法度。这是他的礼貌。我很怀疑“善书者”可以不经过揣摩规模法度的阶段。我个人有一个苦痛的经验。我虽然没有正式下功夫写过字，可是二三十年来没有一天不在执笔乱写，我原来也相信此事可以全凭自己的心裁，苏东坡所谓“我书意造本无法”，但是于今我正式留意书法，才觉得自己的字太恶劣，写过几十年的字，一横还拖不平，一竖还拉不直，还是未脱“疵境”。我的病根就在从头就没有讲一点规模法度，努力把一个字写得四平八稳。我误在忽视基本功夫，只求要一点聪明，卖弄一点笔姿，流露一点风趣。我现在才觉悟“稳境”虽平淡无奇，却极不易做到，而且不经过

“稳境”，较高的境界便无从达到。文章的道理也是如此，韩昌黎所谓“醇而后肆”是作文必循的程序。由“疵境”到“稳境”这一个阶段最需要下功夫学规模法度，小心谨慎地把字用得恰当，把句造得通顺，把层次安排得妥帖。我作文比写字所受的训练较结实，至今我还在基本功夫上着意，除非精力不济，注意力松懈时，我必尽力求稳。

稳不能离规模法度。这可分两层说，一是抽象的，一是具体的。抽象的是文法、逻辑以及古文家所谓“义法”，西方人所谓文学理论和文学批评。在这上面再加上一点心理学和修辞学常识，就可以对付了。抽象的原则和理论本身并没有多大功用，它的唯一的功用在帮助我们分析和了解作品。具体的规模法度须在模范作品中去找。文法、逻辑、义法等等在具体实例中揣摩，也更彰明显著。从前人说“熟读唐诗三百首，不会吟诗也会吟”，语调虽卑，却是经验之谈。为初学说法，模范作品在精不在多，精选熟读透懂，短文数十篇，长著三数种，便已可以作为达到“稳境”的基础。读每篇文字须在命意、用字、造句和布局各方面揣摩；字、句、局三项都有声义两方面，义固重要，声音节奏更不可忽略。既叫作模范，自己下笔时就要如写字临帖一样，亦步亦趋地模仿它。我们不必唱高调轻视模仿，古今大艺术家，据我所知，没有不经过一个模仿阶段的。第一步模仿，可得规模法度，第二步才能集合诸家的长处，加以变化，造成自家所特有的风格。

练习作文，一要不怕模仿，二要不怕修改。多修改，思致愈深入，下笔愈稳妥。自己能看出自己的毛病才算有进步。严格地说，自己要说的话是否从心所欲地说出，只有自己知道，如果有毛病，也只有自己知道最清楚，所以文章请旁人修改不是一件很合理的事。丁敬礼向曹子建说："文之佳恶，吾自得之，后世谁相知定吾文者耶？"杜工部也说："文章千古事，得失寸心知。"大约文章要做得好，必须经过一番只有自己知道的辛苦，同时必有极谨严的艺术良心，肯严厉地批评自己，虽微疵小失，不肯轻易放过，须把它修到无疵可指，才能安心。不过这番话对于未脱"疵境"的作者恐未免是高调。据我的观察，写作训练欠缺者通常有两种毛病：第一是对于命意用字造句布局没有经验，规模法度不清楚，自己的毛病自己不能看出，明明是不通不妥，自己却以为通妥；其次是容易受虚荣心和兴奋热烈时的幻觉支配，对自己不能作客观的冷静批评，仿佛以为在写的时候既很兴高采烈，那作品就一定是杰作，足以自豪。只有良师益友，才可以医治这两种毛病。所以初学作文的人最好能虚心接受旁人的批评，多请比自己高明的人修改。如果修改的人肯仔细指出毛病，说出应修改的理由，那就可以产生更大的益处。作文如写字，养成纯正的手法不易，丢开恶劣的手法更难。孤陋寡闻的人往往辛苦半生，没有摸上正路，到发现自己所走的路不对时，已悔之太晚，想把"先入为主"的恶习丢开，比走回头路还更难更冤枉。良师益友可以及早指点迷途，引上最平正的路，免得浪费精力。

自己须经过一番揣摩，同时又须有师友指导，一个作者才可以逐渐由"疵境"达到"稳境"。"稳境"是不易达到的境界，却也是平庸的境界。我认识许多前一辈子的人，幼年经过科举的训练，后来借文字"混差事"，对于诗文字画，件件都会，件件都很平稳，可是老是那样四平八稳，没有一点精彩，不是"庸"，就是"俗"，虽是天天在弄那些玩意，却到老没有进步。他们的毛病在成立了一种定型，便老守着那种定型，不求变化。一稳就定，一定就一成不变，由熟以至于滥，至于滑。要想免去这些毛病，必须由“稳境”重新尝试另一风格。如果太熟，无妨学生硬；如果太平易，无妨学艰深；如果太偏于阴柔，无妨学阳刚。在这样变化已成风格时，我们很可能地回到另一种“疵境”，再由这种“疵境”进到“稳境”，如此辗转下去，境界才能逐渐扩大，技巧才能逐渐成熟，所谓“醇境”大半都须经过这种“精钢百炼”的功夫才能达到。比如写字，入手习帖的人易于达到“稳境”，可是不易达到很高的境界。稳之后改习唐碑可以更稳，再陆续揣摩六朝碑版和汉隶秦篆以至于金文甲骨文，如果天资人才都没有欠缺，就必定有“大成”的一日。

这一切都是“匠”的范围以内的事，西文所谓“手艺”（craftsmanship）。要达到只有大艺术家所能达到的“化境”，那就还要在人品学问各方面另下一套更重要的功夫。我已经说过，这是不能谈而且也无用谈的。本文只为初学说法，所以陈义不高，只劝人从基本功夫下手，脚踏实地循序渐进地做下去。

节选自《谈文学》，开明书店 1946 年初版

自由主义与文艺

“自由主义”这个名词在意义上不免有一点含混，尽管人们在热烈地拥护它或反对它，它究竟是什么，彼此所见，常不接头。“自由”有时是自私自便的借口，随意破口骂人，说这是言论自由；它也有时是防止旁人干涉的借口，自由行为不检，旁人不用议论，这是私人行为的自由。一种争论（无论是政治的、宗教的或道德的）有左右两个对立的立场时，你如果一无所属，你的超然的态度也有时叫作“自由的”；所以“自由的”说好一点是“独立的”，说坏一点是“骑墙的”，“灰色的”。既然有这含混，我不能不把我个人所了解的“自由主义”略加说明。

一个人的观念的形成大半取决于他所受的教育。我分析我自己的“自由”观念，大约有两个来源。头一个是我的浅薄的西文字源学的知识。在起源时“自由”这个字是与“奴隶”相对立的。古代社会中人往往分两等，一等人自己是自己的主子，对于自己的所属有权处理；另一等人须奉他人为主子，自己的身家财产都要听他摆布。前者是自由人而后者是奴隶。我所了解的“自由”就是这种与奴隶相对立的一种状态。我拥护自由主义，其实就是反对奴隶制度，无论那是强迫他人做自己的奴隶，或是自己甘心做他人的奴隶。我主张每个人应有他的自主权，凭他的理性的意志发为理性的行动。

其次，我学过一些生物学和心理学，“自由”这观念常和“生展”联在一起。一般生物（连人在内）都有一种本性，一种生机。他们的健康与否就要看这本性或生机能否得到正常的合理的发展；如果得到正常的合理的发展，我们说他们能“自由发展”。自然的发展通常是自由的发展。一种生物如果不能自由发展，那必定由于有一种不自然的压力在压抑它，阻止它。例如一棵花生芽出土，就被石头压起，逼得它不能自由发展，因而拳曲衰萎。这个意义的“自由”是与“压抑”“摧残”相对立的。我拥护自由主义，其实就是反对压抑与摧残，无论那是在身体方面或是在精神方面。我主张每个人无牵无碍地发展他的“性所固有”，以求达到一种健康状态。不消说得，“自由”的这两个意义是相辅相成的，奴隶离不了压抑，能自主才能自由发展。谈到究竟，我所了解的自由主义与人道主义（humanism）骨子里是一回事。

本着这个了解，我在文艺的领域维护自由主义。

第一，文艺应自由，意思是说它能自主，不是一种奴隶的活动。奴隶的特征是自己没有独立自主的身份，随在都要受制于人。就这个意义说，人都多少是自然需要的奴隶，脱离不掉因果律的命定，没有翅膀就不能高飞，绝饮食就会饿死，落在自然的圈套便要受自然的限制。唯有在艺术的活动方面，人超脱了自然的限制，能把自然拿在手里来玩弄，剪裁它，重新给予它一个生命与形式。而他的这种作为并不像饮食男女的事有一个实用的需要在驱遣，他完全服从他自己的心灵上的要求。所以艺术的活动主要是自由的活动。大哲学家如康德，大诗人如席勒，谈到艺术时，都特别着重它的自由性。这自由性充分表现了人性的尊严。在服从自然限制而汲汲于饮食男女的营求时，人是自然的奴隶；在超脱自然限制而自生自发地创造艺术的意象境界时，人是自然的主宰，换句话说，他就是上帝。人的这一点宝贵的本领我们不能不特别珍视。

我所要说的第二点与这第一点正密切相关：文艺的要求是人性中最宝贵的一点，它就应有自由的生展，不应受压抑或摧残。人性中有求知、想好、爱美三种基本的要求。求知，才有学问的活动，才实现真的价值；想好，才有道德的活动，才实现善的价值；爱美，才是艺术的活动，才实现美的价值。一个完全人在这三方面都应该有平均的和谐的发展，所谓“实现人生”就是实现这三方面的可能性。如果因为发展某一方面而要摧残另一方面，那就是畸形的发展，结果就要产生精神方面的聋人盲人。一个人在精神方面是聋人盲人，他就不健康，他也就不是一个自由人，因为像一棵被石头压住的花草一样，他没有得到自由的生发。就这个意义说，文艺不但自身是一种真正自由的活动，而且也是令人得到自由的一种力量。西方人常说“艺术是使人自由的”（art is liberative），而不带工业性的艺术如音乐图画文学之类通常也冠上“自由的”（liberal arts）一个形容词。这“自由的”和“解放的”有同样的意义。艺术使人自由，因为它解放人的束缚和限制。第一，它解放可能被压抑的情感，免除弗洛伊德派心理学家所说的精神的失常。其次，它解放人的蔽于习惯的狭小的见地，使他随时见出人生世相的新鲜有趣，因而提高他的生命的力量，不致天天感觉人生乏味。

从以上两点看，自由是文艺的本性，所以问题并不在文艺应该或不应该自由，而在我们是否真正要文艺。是文艺就必有它的创造性，这就无异于说它的自由性；没有创造性或自由性的文艺根本不成其为文艺。文艺的自由就是自主，就创造的活动说，就是自主自发。我们不能凭文艺以外的某一种力量（无论是哲学的、宗教的、道德的或政治的）奴使文艺，强迫它走这个方向不走那个方向；因为如果创造所必需的灵感缺乏，我们纵然用尽思考和意志力，也绝对创造不出文艺作品，而奴使文艺是要凭思考和意志力来炮制文艺。文艺所凭借的心理活动是直觉或想象而不是思考和意志力，直觉或想象的特性是自由，是自生自发。这并非说，文艺可以与人生绝缘，它其实就是人生的表现。人生好比土壤，文艺是这上面开的花，花的好坏有赖于土壤的肥瘠，但是花的生发是自然的生发，水到渠成，是怎样人生的观照就产生怎样文艺。我们不能凭某一个人或某一部分人的道德的或政治的主张来勉强决定文艺生展的方向。在历史上屡次有人想这样做，例如柏拉图，中世纪耶稣教会以及许多专制君主和野心政客，以为文艺走某一方向便合他们的主张或利益，于是硬要它朝那个方向走，尽钳制和奸污之能事，结果文艺确是受了害，而他们自己也未见得就得了益。因此，我反对拿文艺做宣传的工具或是逢迎谄媚的工具。文艺自有它的表现人生和怡情养性的功用，丢掉这自家园地而替哲学宗教或政治做喇叭或应声虫，是无异于丢掉主子不做而甘心做奴隶。损人利己是人类的普遍的劣根性，宗教家和政治家之流要威迫利诱文艺家做他们的奴隶，或属情理之常。而文艺家自己却大声嚷着："文艺本来只配做宗教、道德和政治的奴隶，做奴隶是文艺的神圣的义务！"这就未免奴颜屈膝而恬不知耻了。

节选自《朱光潜全集》第九卷

从“距离说”辩护中国艺术

从前有一个海边的种田人，碰见一位过客称赞他门前的海景，很不好意思地回答说：“门前虽然没有什么可看的，屋后有一园菜还不差，请先生来看看。”心无二用，这位种田人因为记挂着他的一园菜，就看不见大海所呈现给他的世界，虽然这个世界天天横在他的眼前。我们一般人也是如此，通常都把全副精力费于饮食男女的营求，这丰富华严的世界除了可效用于生活需要之外，便没有什么可以让我们看看的。一看到天安门大街，我就想到那是到东车站或是广和饭庄的路，除了这个意义以外，天安门大街还有它的本来面目没有？我相信它有，我并且有时偶然地望见过。有一个秋天的午后，我由后门乘车到前门，到南池子转弯时，猛然看见那一片淡黄的日影从西长安街一路射来，看见那一条旧宫墙的黄绿的玻璃瓦在日光下辉煌地严肃地闪耀，看见那些忽然现着奇光异彩的电车马车人力车以及那些时装的少女和灰尘满面满衣的老北平人，这一切猛然在我眼前现出一个庄严而灿烂的世界，使我霎时间忘去它是到前门的路和我去前门一件事实。不过这种经验是不常有的，我通常只记得它是到前门的路，或是想着我要去广和饭庄。我们对于这个世界经验愈多，关系也愈复杂；联想愈纷乱，愈难见到它们的本来面目；学识愈丰富，视野愈窄狭；对于一件事物见的愈多，所见到的也就愈少。

艺术的世界也还是我们日常所接触的世界，—— 是它的不经见的另一面。它不经见，因为我们站得太近。要见这一面，我们须得跳开日常实用在我们四围所画的那一个圈套，把世界摆在一种距离以外去看。同是一个世界，站在圈子里看和站在圈子外看，景象大不相同。比如说海上的雾。我在船上碰着过雾，现在回想起来，还有些戒惧。耽误行程还不用说，听到若远若近的邻舟的警钟，水手们手慌脚乱地走动以及乘客们的喧嚷，仿佛大难临头，真令人心焦气闷。茫无边际的大海中没有一块可以暂时避难的干土，一切都任不可知的命运去摆布。在这种情境中，最有修养的人最多也只能做到镇定的工夫。但是我也站在干岸上看过海雾，那轻烟似的薄纱笼罩着那平谧如镜的海水，许多远山和飞鸟都被它轻抹慢掩，现出梦境的依稀隐约。它把天和海接成一气，你仿佛伸一只手就可以抓住天上浮游的仙子。你的四围全是广阔、沉寂、秘奥和雄伟，见不到人世的鸡犬和烟火，你究竟在人间还在天上，也有些不易决定。

同样海雾却现出两重面目，完全由于观点的不同。你坐在船上时，海雾是你的实用世界中一片段，它和你的知觉、情感、希望以及一切实际生活的需要都连瓜带葛地固结在一块，把你围在里面，使你只看见它的危险性。换句话说，你和海雾的关系太密切了，距离太接近了，所以不能用处之泰然的态度去欣赏它。你站在岸上时，海雾是你的实际世界以外的东西，它和你中间有一种距离，所以变成你的欣赏的对象。

一切事物都可以如此看去。在艺术欣赏中我们取旁观者的态度，丢开寻常看待世物的方法，于是现出事物不平常的一面，天天遇见的素以为平淡无奇的东西，例如破墙角的一枝花，林间一片阴影或是一个老妇人的微笑，便陡然现出奇姿异彩，使我们觉得它美妙。艺术家和诗人的本领就在能跳出习惯的圈套，把事物摆在适当的距离以外去看，丢开他们的习惯的联想，聚精会神地观照它们的本来面目。他们看一条街只是一条街，不是到某车站或某商店的指路标。一件事物本身自有价值，不因为和人或其他事物有关系而发生价值。

艺术的世界仍然是在我们日常所接触的世界中发现出来的。艺术的创造都是旧材料的新综合。希腊神像的模型仍是有血有肉的凡人，但丁的《地狱》也还是拿我们的世界做蓝本。唯其是旧材料，所以观者能够了解；唯其是新综合，所以和实际人生有距离，不易引起日常生活的纷乱的联想。艺术一方面是人生的返照，一方面也是人生隔着一层透视镜面现出的返照。艺术家必了解人情世故，可是他能不落到人情世故的圈套里。欣赏者也是如此，一方面要拿实际经验来印证作品，一方面又要脱净实际经验的束缚。无论是创造或是欣赏，这“距离”都顶难调配得恰到好处。太远了，结果是不能了解；太近了，结果是不免让实际人生的联想压倒美感。

比如说看莎士比亚的《奥瑟罗》。假如一个人素来疑心他的太太不忠实，受过很大的痛苦，他到戏院里去看这部戏，必定比旁人较能了解奥瑟罗的境遇和衷曲，但是他却不是一个理想的欣赏者。那些暗射到切身的经验的情节容易惹起他联想到自己和妻子处在类似的境遇，不能把戏当作戏看，结果是不免自伤身世。《奥瑟罗》对于猜疑妻子的丈夫“距离”实在太近了，所以容易失去艺术的效用。艺术的理想是距离适当，不太远所以观者能以切身的经验印证作品，不太近所以观者不以应付实际人生的态度去应付它，只把它当作一幅图画摆在眼前去欣赏。

艺术的“距离”有天生自然的。最显明的是空间隔阂。比如一幅写实的巫峡图或西湖图，在西湖或巫峡本地人看，距离太近，或许不觉得有什么美妙，在没有见过西湖或巫峡的人看，就有些新奇了。旅行家到一个新地方总觉得它美，就因为它还没有和他的实际生活发生多少关联，对于它还有一种距离。时间辽远也是“距离”的一种成因。比如卓文君的私奔，海伦后的潜逃，在百世之下虽传为佳话，在当时人看，却是秽行丑迹。当时人受种种实际问题的牵绊，不能把这桩事情从繁复的社会习惯和利害观念中划出，专作一个意象来观赏；我们时过境迁，当时的种种牵绊已不存在，所以比较自由，能以纯粹的美感的态度对付它。

艺术的“距离”也有时是人为的。我们可以说，调配“距离”是艺术的技巧最重要的一部分。比如戏剧生来是一种距离最近的艺术，因为它用极具体极生动的方法把人情世故表现在眼前，表演者就是有血有肉的人，这最易使人回想到实际生活，把应付实际人生的态度来应付它，所以戏剧作者用种种方法把“距离”推远。古希腊悲剧大半不以当时史实而以神话为题材，表演时戴面具，穿高跟鞋，用歌唱的声调，用意都在不使人忘记眼前是戏而不是实际人生中的一片段。造型艺术中以雕刻的距离为最近，因为它表现立体，和实物几乎没有分别。历来雕刻家也有许多制造“距离”的方法。埃及雕刻把人体加以抽象化，不表现个性；希腊雕刻只表现静态，不常表现运动，而且常用裸体，不雕服装；意大利文艺复兴时代雕刻往往染色。这都是要避免太像实物的毛病。图画以平面表现立体，本来已有若干距离。古代画艺不用远近阴影，近代立体派把生物形体加以几何线形化，波斯图案画把生物形体加以极不自然的弯曲或延长，也是要把“距离”推远。这里只随便举几个例说明“距离”的道理，其实例子是举不尽的。

艺术和实际人生之中本来要有一种距离，所以近情理之中要有几分不近情理。严格的写实主义是不能成立的。是艺术就免不了几分形式化，免不了几分不自然。近代技巧的进步逐渐使艺术逼近实在和自然，这在艺术上不必是进步。中国新进艺术家看到近代西方艺术的技巧完善，画一匹马就活像一匹马，布一幕月夜深林的戏景就活像月夜深林，以为这真是绝大本领，拿中国艺术来比，真是自惭形秽。其实西方艺术固然有它的长处，中国艺术也固然有它的短处，但是长处不在妙肖自然，短处也并不在不自然。西方艺术的写实运动从文艺复兴以后才起，到十九世纪最盛，一般人仍然被这个传统的“妙肖自然”一个理想囿住，所以“皇家学会”派画家仍在“妙肖自然”方面用功夫。但是无论在理论方面或实施方面，欧洲的真正艺术却从一个新方向走。在理论方面，从康德起，一直到现在，美学思想主潮都是倾向形式主义。康德分美为纯粹的和依赖的两种。纯粹的美只在颜色线形声音诸元素的谐和的配合中见出，这种美的对象只是一种不具意义的“模型”（pattern），最好的例是阿拉伯式图案，音乐和星辰云彩。有依赖的美则于形式之外别具意义，使观者由形式旁迁到意义上去。例如我们赞美一匹马，因为它活泼雄壮轻快；赞美一棵树，因为它茂盛、挺拔、坚强。这些观念都是由实用生活得来的。因如此等类的性质而觉得一件事物美，那种美就是有依赖的。依康德看，凡是模仿实物的艺术，价值须在模仿是否逼真和所模仿的性质是否对于人生有用两点见出。这种价值都是外在的，实不足据以为凭来断作品本身的美丑。康德以后，美学家把艺术分为“表现的”（representative）和“形式的”（formal）两种成分。比如说图画，题材和故事属于“表现的成分”，颜色线形阴影的配合属于“形式的成分”。近代艺术家多看轻“表现的成分”而特重“形式的成分”。佩特（Walter Pater）以为一切艺术到最高的境界都逼近音乐，因为在音乐中内容完全混化在形式里，不能于形式之外见出什么意义（即表现的部分）。

在实施方面，形式主义也很盛行，图画方面的后期印象主义和主体主义都不以模仿自然为能事。塞尚（Cezanne）是最好的例。看他的作品，你绝对看不出写实派的浮面的逼真，第一眼你只望见颜色线形阴影的谐和配合，要费一番审视，才能辨别它所表现的是一片崖石或是一座楼台。不但在创造方面，在欣赏方面，标准也和从前不同了，从前人以为画艺到十五世纪的意大利画家手里已算是登峰造极，现在许多学者却嫌达·芬奇、拉斐尔一班人的技巧过于成熟，缺乏可以回味的东西。他们反推崇中世纪拜占庭派（Byzantine）和文艺复兴初期意大利的“原始派”的那种技巧简陋而意味却深长的艺术。从此可知西方人已经逐渐觉悟到技巧的进步和艺术的进步是两回事，而艺术的能事也不仅在妙肖自然了。

从欧洲艺术的新倾向看，我们觉得在这里应该替中国旧艺术作一个辩护。骂旧戏拉着嗓子唱高调为不近人情的先生们如果听听瓦格纳的歌剧，也许恍然大悟这种玩意原来不是中国所特有的“国粹”。如果他们再稍费点工夫去研究古希腊的戏艺，也许知道戴面具、打花脸、穿古装、著高跟鞋等等也不一定是野蛮艺术的特征。在画图雕刻方面，远近阴影原来是技巧上的一大进步，这种技巧的进步原来可以帮助艺术的进步，但是无技巧的艺术终于胜似非艺术的技巧。中世纪欧洲诸大教寺的雕像的作者原来未尝不知道他们所雕的人体长宽的比例不近情理，但是他们的作品并不因这一点不近情理而减低它们的价值。专就技巧说，现在一个普通的学徒也许知道许多乔托（Giotto）或顾恺之所不知道的地方，但是乔托和顾恺之终于不朽。中国从前画家本有“远山无皴，远水无波，远树无枝，远人无目”一类的说法，但是画家的精义并不在此。看到乔托或顾恺之的作品而嫌他们不用远近阴影，这种人对于艺术只是“腓力斯人”而已！

再说诗，它和散文不同，因为它是一种更“形式的”艺术，和实际人生的“距离”比较更远。诗绝不能完全是自然的，自然语言不讲究音韵，诗宜于讲究一点音韵。音韵是形式的成分，它的功用是把实用的理智“催眠”，引我们到纯粹的意象世界里去。许多悲惨或淫秽的材料，用散文写仍不失其为悲惨或淫秽，用诗的形式写则我们往往忘其为悲惨或淫秽。女儿逐父亲，母亲杀儿子，以及儿子娶母亲之类的故事很难成为艺术的对象，因为它们容易引起实际人所应有的痛恨和嫌恶。但是在希腊悲剧和莎士比亚的悲剧里，它们居然成为极庄严灿烂的艺术的对象，就因为它们披上诗的形式，不容易使人看成实际人生中一片段，以实用的态度去应付它们。《西厢》里“软玉温香抱满怀，春至人间花弄色，露滴牡丹开”几句诗，其实只是说男女交媾，但是我们读这几句诗时常忽略它的本意。拿这几句诗来比《水浒》里西门庆和潘金莲的故事，分别立刻就见出。《水浒》这一段本是妙文，但淫秽的痕迹仍然存在，不免引动观者的性欲冲动。材料相同，影响大相悬殊，就因为王实甫把淫秽的事迹摆在很幽美的意象里，再用音乐很和谐的词句表现出来，使我们一看到就为这种美妙和谐的意象和声音所摄引，不易想到背后淫秽的事迹。这就是说，诗的形式把它的“距离”推远了。《水浒》写潘金莲的淫秽用散文，这就是说，用日常实际应用的文字，所以较易引起实际应用的联想和反应。

总之，艺术上的种种习惯既然造成很悠久的历史，纵然现代的时尚叫我们觉得它离奇不近情理，它们却未尝没有存在的理由，本文所说的“距离”即理由之一。艺术取材于实际人生，却须同时于实际人生之外另辟一世界，所以要借种种方法把所写的实际人生的距离推远。戏剧的脸谱和高声歌唱，雕刻的抽象化，图画的形式化，以及诗的音韵之类都不是“自然的”，但并不是不合理的。它们都可以把我们搬到另一世界里去，叫我们暂时摆脱日常实用世界的限制，无粘无碍地聚精会神地谛视美的形象。

节选自《我与文学及其他》，开明书店 1943 年初版

文艺与道德（节选）

文艺能产生怎样的道德的影响呢？

第一，就个人说，艺术是人性中一种最原始、最普遍、最自然的需要。人类在野居穴处时代便已有图画诗歌，儿童在刚离襁褓时便作带有艺术性的游戏。嗜美是一种精神上的饥渴，它和口腹的饥渴至少有同样的要求满足权。美的嗜好满足，犹如真和善的要求得到满足一样，人性中的一部分便有自由伸展的可能性。汩丧天性，无论是在真、善或美的方面，都是一种损耗，一种残废。从前人论文艺的功能，不是说它在教训，就是说它在娱乐，都是为接受艺术者着想，没有顾到作者自己。其实文艺有既不在给人教训又不在供人娱乐的，作者自己的“表现”的需要有时比任何其他目的更重要。情感抑郁在心里不得发泄，近代心理学告诉过我们，最容易酿成性格的乖僻和精神的失常。文艺是解放情感的工具，就是维持心理健康的一种良剂。古代人说:“为道德而艺术”。近代人说:“为艺术而艺术”。英国小说家劳伦斯说:“为我自己而艺术”（art for my own sake）。真正的大艺术家大概都是赞同劳伦斯的。

艺术虽是“为我自己”，伦理学家却不应轻视它在道德上的价值。人比其他动物高尚，就是在饮食男女之外，还有较高尚的营求，艺术就是其中之一。“生命”其实就是“活动”。活动愈自由，生命也就愈有意义，愈有价值。实用的活动全是有所为而为，受环境需要的限制；艺术的活动全是无所为而为，是环境不需要人活动而人自己高兴去活动。在有所为而为时，人是环境需要的奴隶；在无所为而为时，人是自己心灵的主宰。我们如果研究伦理思想史，就可以知道柏拉图、亚里士多德和中世纪耶教大师们，就学说派别论，彼此相差很远，但是谈到“最高的善”，都以为它是“无所为而为的观赏”，（disinterested contemplation）。这样看，美不仅是一种善，而且是“最高的善”了。

第二，就社会说（读者在内），艺术的功用，像托尔斯泰所说的，在传染情感，打破人与人的界限。我们一般人都囿在习惯所划定的狭小世界里，对于此外的世界都是痴聋盲哑，视而不见，听而不闻，食而不知其味。艺术家比较常人优胜，就在他们的情感比较真挚，感觉比较锐敏，观察比较深刻，想象比较丰富。他们不但能见到比较广大的世界，而且引导我们一般人到较广大的世界里去观赏。像一位英国学者所说的，艺术家“借他们的眼睛给我们去看”（lend their eyes for us to see）。希腊悲剧家和莎士比亚使我们学会在悲惨世界中见出灿烂华严，阿里斯托芬和莫里哀使我们学会在人生乖讹中见出谑浪笑傲，荷兰画家们使我们学会在平凡丑陋中见出情趣深永的世界。在拜伦（Byron）以前，欧洲游人没有赞美过威尼斯。在透纳（Turner）以前，英国人没有注意到泰晤士河上有雾。没有谢灵运、陶潜、王维一班诗人，我们何曾知道自然中有许多妙境？没有普鲁斯特（Proust）、劳伦斯一班小说家，我们何曾知道人心有许多曲折？艺术是启发人生自然秘奥的灵钥，在“山重水复疑无路”时，它指出“柳暗花明又一村”。

这种启发对于道德有什么影响呢？它伸展同情，扩充想象，增加对于人情物理的深广真确的认识。这三件事是一切真正道德的基础。从历史看，许多道德信条到缺乏这种基础时，便为浅见和武断所把持，变为狭隘、虚伪、酷毒的桎梏，它的目的原来说是在维护道德，而结果适得其反。儒家的礼教，耶教的苦行主义，日本的武士道，都可以为证。雪莱在《诗的辩护》中说得最好：

> 道德的大原在仁爱，在脱离小我，与非我所有的思想行为和身体的美妙点相同一。一个人如果要真是一个大好人，必须能深刻地广阔地想象；他必须能设身处一个别人或许多别人的地位，人类的忧喜苦乐须变成他的忧喜苦乐。达到道德上的善，顶大的津梁就是想象；诗从这种根本地方下手，所以能发生道德的影响。

总之，道德是应付人生的方法，这种方法合适不合适，自然要看对人生了解的程度何如。没有其他东西比文艺能给我们更深广的人生观照和了解，所以没有其他东西比文艺能帮助我们建设更完善的道德的基础。苏格拉底的那句老话是多么简单，多么惹人怀疑，同时它又是多么深永而真确！

“知识就是德行！”

选自《西南联大语体文示范》，作家书屋 1944 年版

下编

朱自清谈美

我们要有真实而自由的生活，

要有真实而自由的文艺，须得创作去；

只有创作是真实的，

不过创作兼包精粗而言，

并非凡创作的都是好的。

第四章

文学的美

朱自清

解放与自由实是文艺的特殊的力量。

文艺既然有解放与扩大的力量，

它毁灭了“我”界，毁灭了人与人之间重重的障壁。

它继续地以“别人”调换我们“自己”，

使我们联合起来。

朱自清 （1898—1948） 西南联大中文系主任、教授

原名自华，后改名自清，字佩弦。曾担任清华大学中文系教授、西南联大中文系主任和教授，中国现代散文家、诗人、学者。一生著作颇丰，有《荷塘月色》《背影》等散文名篇。

什么是文学?

什么是文学?大家愿意知道，大家愿意回答，答案很多，却都不能成为定论。也许根本就不会有定论，因为文学的定义得根据文学作品，而作品是随时代演变，随时代堆积的。因演变而质有不同，因堆积而量有不同，这种种不同都影响到什么是文学这一问题上。比方我们说文学是抒情的，但是像宋代说理的诗，十八世纪英国说理的诗，似乎也不得不算是文学。又如我们说文学是文学，跟别的文章不一样，然而就像在中国的传统里，经史子集都可以算文学。经史子集堆积得那么多，文士们都钻在里面生活，我们不得不认这些为文学。当然，集部的文学性也许更大些。现在除经史子集外，我们又认为元明以来的小说戏剧是文学。这固然受了西方的文学意念的影响，但是作品的堆积也多少在逼迫着我们给它们地位。明白了这种种情形，就知道什么是文学这问题大概不会有什么定论，得看作品看时代说话。

新文学运动初期，运动的领导人胡适之先生曾答复别人的问题，写了短短的一篇《什么是文学？》。这不是他用力的文章，说的也很简单，一向不曾引起注意。他说文字的作用不外达意表情，达意达得好，表情表得妙就是文学。他说文学有三种性：一是懂得性，就是要明白；二是逼人性，要动人；三是美，上面两种性联合起来就是美。这是并不特别强调文学的表情作用，却将达意和表情并列，将文学看作和一般文章一样，文学只是“好”的文章、“妙”的文章、“美”的文章罢了。而所谓“美”就是明白与动人，所谓三种性其实只是两种性。“明白”大概是条理清楚，不故意卖关子；“动人”大概就是胡先生在《谈新诗》里说的“具体的写法”。当时大家写作固然用了白话，可是都求其曲，求其含蓄。他们注重求暗示，觉得太明白了没有余味。至于“具体的写法”，大家倒是同意的。只是在《什么是文学？》这一篇里，“逼人”“动人”等语究竟太泛了，不像《谈新诗》里说的“具体的写法”那么“具体”，所以还是不能引人注意。

再说当时注重文学的类型，强调白话诗和小说的地位。白话新诗在传统里没有地位，小说在传统里也只占到很低的地位。这儿需要斗争，需要和只重古近体诗与骈散文的传统斗争。这是工商业发展之下新兴的知识分子跟农业的封建社会的士人的斗争，也可以说是民主的斗争。胡先生的不分型类的文学观，在当时看来不免历史癖太重，不免笼统，而不能鲜明自己的旗帜，因此注意他这一篇短文的也就少。文学型类的发展从新诗和小说到散文——就是所谓美的散文，又叫作小品文的。虽然这种小品文以抒情为主，是外来的影响，但是跟传统的骈散文的一部分却有接近之处。而文学包括这种小说以外的散文在内，也就跟传统的文的意念包括骈散文的有了接近之处。小品文之后有杂文。杂文可以说是继承“随感录”的，但从它的短小的篇幅看，也可以说是小品文的演变。小品文因应时代的需要从抒情转到批评和说明上，但一般还认为是文学，和长篇议论文说明文不一样。这种文学观就更跟传统的文的意念接近了。而胡先生说的什么是文学也就值得我们注意了。

传统的文的意念也经过几番演变。南朝所谓“文笔”的文，以有韵的诗赋为主，加上些典故用得好，比喻用得妙的文章;《昭明文选》里就选的是这些。这种文多少带着诗的成分，到这时可以说是诗的时代。宋以来所谓“诗文”的文，却以散文就是所谓古文为主，而将骈文和辞赋附在其中。这可以说是到了散文时代。现代中国文学的发展，虽只短短的三十年，却似乎也是从诗的时代走到了散文时代。初期的文学意念近于南朝的文的意念，而与当时还在流行的传统的文的意念，就是古文的文的意念，大不相同。但是到了现在，小说和杂文似乎占了文坛的首位，这些都是散文，这正是散文时代。特别是杂文的发展，使我们的文学意念近于宋以来的古文家而远于南朝。胡先生的文学意念，我们现在大概可以同意了。

英国德来登[①]早就有知的文学和力的文学的分别，似乎是日本人根据了他的说法而仿造了“纯文学”和“杂文学”的名目。好像胡先

① 现译为德莱登。德莱登（1631—1700），英国第一位桂冠诗人、剧作家和文学批评家。主要作品有《论诗剧》《论英雄剧》《英雄诗与诗的自由》《悲剧批评的基础》。——编者注

生在什么文章里不赞成这种不必要的分目。但这种分类虽然好像将表情和达意分而为二，却也有方便处。比方我们说现在杂文学是在和纯文学争着发展。这就可以见出这时代文学的又一面。杂文固然是杂文学，其他如报纸上的通讯、特写，现在也多数用语体而带有文学意味了，书信有些也如此。甚至宣言，有些也注重文学意味了。这种情形一方面见出一般人要求着文学意味，一方面又意味着文学在报章化。清末古文报章化而有了“新文体”，达成了开通民智的使命。现代文学的报章化，该是德先生和赛先生的吹鼓手罢。这里的文学意味就是“好”，就是“妙”，也就是“美”，却绝不是卖关子，而正是胡先生说的“明白”“动人”。报章化要的是来去分明，不躲躲闪闪的。杂文和小品文的不同处就在它的明快，不大绕弯儿，甚至简直不绕弯儿。具体倒不一定。叙事写景要具体，不错。说理呢，举例子固然要得，但是要言不烦，或简捷了当也就是干脆，也能够动人。使人威固然是动人，使人信也未尝不是动人。不过这样理解着胡先生的用语，他也许未必同意罢？

刊 1946 年《新生报》

文学的美

美的媒介是常常变化的，但它的作用是常常一样的。美的目的只是创造一种“圆满的刹那”；在这刹那中，“我”自己圆满了，“我”与人、与自然、与宇宙融合为一了，“我”在鼓舞、奋兴之中安息了（perfect moment of unity and self-completeness and repose in excitement）。我们用种种方法，种种媒介，去达这个目的：或用视觉的材料，或用听觉的材料……。文学也可说是用听觉的材料的；但这里所谓“听觉”，有特殊的意义，是从“文字”听受的，不是从“声音”听受的。这也是美的媒介之一种，以下将评论之。

第一部分　文学的材料

文学的材料是什么呢？是文字？文字的本身是没有什么的，只是印在纸上的形，听在耳里的音罢了。它的效用，在它所表示的"思想"。我们读一句文，看一行字时，所真正经验到的是先后相承的，繁复异常的，许多视觉的或其他感觉的影像（image），许多观念、情感、论理的关系——这些一一涌现于意识流中。这些东西与日常的经验或不甚相符，但总也是"人生"，总也是"人生的网"。文字以它的轻重疾徐，长短高下，调节这张"人生的网"，使它紧张，使它松弛，使它起伏后平静。但最重要的还是"思想"——默喻的经验；那是文学的材料。

现在我们可以晓得，文字只是"意义"（meaning），意义是可以了解，可以体验（lived through）的。我们说"文字的意义"，其实还不妥当，应该说"文字所引起的心态"才对。因为文学的表面的解说是很薄弱的，近似的；文字所引起的经验才是整个的，活跃的。文字能引起这种完全的经验在人心里，所以才有效用；但在这时候，它自己只是一个机缘，一个关捩而已。文学是"文字的艺术"（art of words），而它的材料实是那"思想的流"，换句话说，实是那"活的人生"。所以斯蒂文森（Stevenson）说，文学是人生的语言（dialect of life）。

有人说，"人生的语言"又何独文学呢？眼所见的诸相，也正是"人生的语言"。我们由所见而得了解，由了解而得生活；见相的重要，是很显然的。一条曲线，一个音调，都足以传无言的消息；为什么图画与音乐便不能做传达经验——思想——的工具，便不能叫出人生的意义，而只系于视与听呢？持这种见解的人，实在没有知道言语的历史与价值。要知道我们的视与听是在我们的理解（understanding）之先的，不待我们的理解而始成立的；我们常为视与听所左右而不自知，我们对于视与听的反应，常常是不自觉的。而且，当我们理解我们所见时，我们实已无见了；当我们理解我们所闻时，我们实已无闻了：因为这时是只有意义而无感觉了。虽然意义也需凭着残留的感觉的断片而显现，但究非感觉自身了。意义原是行动的关捩，但许多行动却无须这个关捩；有许多熟练的、敏捷的行动，是直接反映感觉，简捷不必经过思量的。如弹批亚娜（编者注：钢琴 piano 的音译），击剑，打弹子，那些神乎其技的，挥手应节，其密如水，其捷如电，他们何尝不用视与听，他们何尝用一毫思量呢？他们又哪里来得及思量呢？他们的视与听，不曾供给他们以意义。视与听若有意义，它们已不是纯正的视与听，而变成了或种趣味了。表示这种意义或趣味的便是言语，言语是弥补视与听的缺憾的。我们创造言语，使我们心的经验有所托以表出；言语便是表出我们心的经验的工具了。从言语进而为文字，工具更完备了。言语文字只是种种意义所构成，它的本质在于“互喻”。视与听比较的另有独立的存在，由它们所成的艺术也便大部分不须凭借乎意义，就是有许多是无“意义”的，价值在“意义”以外的。文字的艺术便不然了，它只是“意义”的艺术，“人的经验”的艺术。

还有一层，若一切艺术总须叫出人生的意义，那么，艺术将以所含人生的意义的多寡而区为高下。音乐与建筑是不含什么“意义”

的，和深锐、宏伟的文字比较起来，将沦为低等艺术了？然而事实绝不如是，艺术是没有阶级的！我们不能说天坛不如《离骚》，因为它俩各有各的价值，是无从相比的。因此知道，各种艺术自有其特殊的材料，绝不是同一的，强以人生的意义为标准，是不合适的。音乐与建筑的胜场，绝不在人生的意义上。但各种艺术都有其材料，由此材料以达美的目的，这一点却是相同的。图画的材料是线、形、色；以此线线、形形、色色，将种种见相融为一种迷人的力，便是美了。这里美的是一种力，使人从眼里受迷惑，以渐达于“圆满的刹那”。至于文学，则有“一切的思想，一切的热情，一切的欣喜”作材料，以融成它的迷人的力。文学里的美也是一种力，用了“人生的语言”，使人从心眼里受迷惑，以达到那“圆满的刹那”。

第二部分　思想是文学的实质

由上观之，文字的艺术，材料便是“人生”。论文学的风格的当从此着眼。凡字句章节之所以佳胜，全因它们能表达情思，委曲以赴之，无微不至。斯宾塞[①]论风格哲学（philosophy of style），有所谓“注意的经济”（economy of attention），便指这种“文词的曲达”而言；文词能够曲达，注意便能集中了。斐德（Pater）也说，一切佳作之所

① 赫伯特·斯宾塞（1820—1903），英国哲学家、社会学家、教育家，“社会达尔文主义之父”。代表作有《社会静力学》《社会学原理》。——编者注

以成为佳作，就在它们能够将人的种种心理曲曲达出；用了文辞，凭了联想的力，将这些恰如其真地达出。凡用文辞，若能尽意，使人如接触其所指示之实在，便是对的，便是美的。指示简单感觉的字，容易尽意，如说“红”花，“白”水，使我们有浑然的“红”感，“白”感，便是尽意了。复杂的心态，却没有这样容易指示的。所以莫泊桑论弗老贝尔[①]说，在世界上所有的话（expressions）之中，在所有的说话的方式和调子之中，只有“一种”，一种方式，一种调子，可以表出我所要说的。他又说，在许多许多的字之中，选择“一个”恰好的字以表示“一个”东西，“一个”思想；风格便在这些地方。是的，凡是“一个”心态或心相，只有“一”字，“一”句，“一”节，“一”篇或“一”曲，最足以表达它。

文字里的思想是文学的实质。文学之所以佳胜，正在它们所含的思想。但思想非文字不存，所以可以说，文字就是思想。这就是说，文字带着“暗示之端绪”（fringe of suggestion），使人的流动的思想有所附着，以成其佳胜。文字好比月亮，暗示的端绪——即种种暗示之意——好比月的晕；晕比月大，暗示也比文字的本意大。如“江南”一词，本意只是“一带地方”；但是我们见此二字，所想到的绝不止“一带地方，在长江以南”而已，我们想到“草长莺飞”的江南，我们想到“落花时节”的江南，我们或不胜其愉悦，或不胜其怅惘。——我们有许多历史的联想。环境的联想与“江南”一词相附着，以成其佳胜。言语的历史告诉我们，言语的性质一直是如此的。言语之初

① 现译为弗鲁贝尔。弗鲁贝尔（1856—1910），俄国巡回展览画派的代表画家。——编者注

成，自然是由模仿力（imitative power）而来的。泰奴（Talne）[①]说得好：人们初与各物相接，他们便模仿它们的声音；他们撮唇，拥鼻，或发粗音，或发滑音，或长，或短，或作急响，或打呼哨，或翕张其胸膛，总求声音之毕肖。

文字的这种原始的模仿力，在所谓摹声字（onomatopoetic words）里还遗存着；摹声字的目的只在重现自然界的声音。此外还有一种模仿，是由感觉的联络（associations of sensations）而成。各种感觉、听觉、视觉、嗅觉、触觉、运动感觉、有机感觉，有许多公共的性质，与他种更复杂的经验也相同。这些公共的性质可分几方面说：以力量论，有强的，有弱的；以情感论，有粗暴的，有甜美的。如清楚而平滑的韵可以给人轻捷和精美的印象（仙、翩、旋、尖、飞、微等字是）；开阔的韵可以给人提高与扩展的印象（大、豪、茫、俺、张、王等字是）。又如难读的声母常常表示努力、震动、猛烈、艰难、严重等（刚、劲、崩、敌、窘、争等字是）；易读的声母常常表示平易、平滑、流动、温和、轻隽等（伶俐、富、平、袅、婷、郎、变、娘等字是）。

以上列举各种声音的性质，我们要注意，这些性质之不同，实由发音机关动作之互异。凡言语文字的声音，听者或读者必默诵一次，将那些声音发出的动作重演一次——这种默诵、重演是不自觉的。在重演发音动作时，那些动作本来带着的情调，或平易，或艰难，或粗暴，或甜美，同时也被觉着了。这种“觉着”，是由于一种同情的感

① 一译为太农。——编者注

应（sympaihetle inducflon），是由许多感觉联络而成，非任一感觉所专主；发音机关的动作也只是些引端而已。和摹声只系于外面的听觉的，繁简过殊。但这两种方法有时有联合为一，如“吼”字，一面是直接摹声，一面引起筋肉的活动，暗示“吼”动作之延扩的能力。

文字只老老实实指示一事一物，毫无色彩，像代数符号一般；这个时期实际上是没有的。无论如何，一个字在它的历史变迁里，总已积累着一种暗示的端绪了，如一只船积累着螺蛳一样。瓦特劳来[①]（Water Raleigh）在他的风格论里说，文字载着它们所曾含的一切意义以行；无论普遍说话里，无论特别讲演里，无论一个微细的学术的含义，无论一个不甚流行的古义，凡一个字所曾含的，它都保留着，以发生丰富而繁复的作用。一个字的含义与暗示，往往是多样的。且举以“褐色”（gray）一词为题的佚名论文为例，这篇文是很有趣的！

> 褐色是白画的东西的宁静的颜色，但是凡褐色的东西，总有一种不同的甚至奇异的感动力。褐色是毹毛的颜色，魁克派（quaker，教派名）长袍的颜色，鸠的胸脯的颜色，褐色的日子的颜色，贵妇人头发的颜色；而许多马一定是褐色的。……褐色的又是眼睛，女巫的眼睛，里面有绿光和许多邪恶。褐色的眼睛或者和蓝眼睛一般温柔，谦让而真实；荡女必定有褐色的眼睛的。

① 沃尔特·雷利（Water Raleigh，1861—1922），英国作家，代表作有《风格》。——编者注

文字没“有”意义，它们因了直接的暗示力和感应力而“是”意义。它们就是它们所指示的东西。不独字有此力，文句、诗节（verse）皆有此力；风格所论，便在这些地方，有字短而音峭的句，有音响繁然的句，有声调圆润的句。这些句型与句义都是一致的。至于韵律、节拍，皆以调节声音，与意义所关也甚巨，此地不容详论。还有“变声”（breaks）和“语调”（variations）的表现的力量，也是值得注意的。“变声”疑是句中声音突然变强或变弱处，“语调”疑是同字之轻重异读。此两词是音乐的术语；我不懂音乐，姑如是解，待后改正。

刊1925年《文学》杂志

文学的标准与尺度

我们说“标准”，有两个意思：一是不自觉的，一是自觉的。不自觉的是我们接受的传统的种种标准。我们应用这些标准衡量种种事物种种人，但是对这些标准本身并不怀疑，并不衡量，只照样接受下来，作为生活的方便。自觉的是我们修正了的传统的种种标准，以及采用的外来的种种标准。这种种自觉的标准，在开始出现的时候大概多少经过我们的衡量，而这种衡量是配合着生活的需要的。本文只称不自觉的种种标准为标准，改称种种自觉的标准为“尺度”，来显示这两者的分别。“标准”原也离不开尺度，但尺度似乎不像标准那样固定；近来常说“放宽尺度”，既然可以“放宽”，就不是固定的了。这种标准和尺度的分别，在一个变得快的时代最容易觉得出：在道德方面、在学术方面如此，在文学方面也如此。

中国传统的文学以诗文为正宗，大多数出于士大夫之手。士大夫配合君主掌握着政权。做了官是大夫，没有做官是士；士是候补的大夫。君主士大夫合为一个封建集团，他们的利害是共同的。这个集团的传统的文学标准，大概可用“儒雅风流”一语来代表。载道或言志的文学以“儒雅”为标准，缘情与隐逸的文学以“风流”为标准。有的人“达则兼济天下，穷则独善其身”，表现这种情志的是载道或言志，这个得有“正其谊不谋其利，明其道不计其功”的抱负，得有“怨而不怒”“温柔敦厚”的涵养，得有“熔经铸史”“含英咀华”的语言。这就是“儒雅”的标准。有的人纵情于醇酒妇人，或寄情于田园山水，表现这种种情志的是缘情或隐逸之风。这个得有“妙赏”“深情”“玄心”，也得用“含英咀华”的语言。这就是“风流”的标准。（关于“风流”的解释，用冯友兰先生语，见《论风流》一文中。）

在现阶段看整个的传统的文学，我们可以说“儒雅风流”是标准。但是看历代文学的发展，中间还有许多变化。即如诗本是“言志”的，陆机却说“诗缘情而绮靡”。“言志”其实就是“载道”，与“缘情”不大相同。陆机实在是用了新的尺度。“诗言志”这一个语在开始出现的时候，原也是一种尺度；后来得到公认而流传，就成为一种标准。说陆机用了新的尺度，是对“诗言志”那个旧尺度而言。这个新尺度后来也得到公认而流传，成为又一种标准。又如南朝文学的求新，后来文学的复古，其实都是在变化；在变化的时候也都是用着新的尺度。固然这种新尺度大致只伸缩于“儒雅”和“风流”两种标准之间，但是每回伸缩的长短不同，疏密不同，各有各的特色。文学史的扩展从这种种尺度里见出。

这种尺度表现在文论和选集里，也就是表现在文学批评里。中国的文学批评以各种形式出现。魏文帝的《论文》是在一般学术的批评的《典论》里，陆机《文赋》也许可以说是独立的文学批评的创始，他将文作为一个独立的课题来讨论。此后有了选集，这里面分别体类，叙述源流，指点得失，都是批评的工作。又有了《文心雕龙》和《诗品》两部批评专著。还有史书的文学传论，别集的序跋和别集中的书信。这些都是比较有系统的文学批评，各有各的尺度。这些尺度有的依据着“儒雅”那个标准，结果就是复古的文学；有的依据着“风流”那个标准，结果就是标新的文学。但是所谓复古，其实也还是求变化求新异；韩愈提倡古文，却主张务去陈言，戛戛独造，是最显著的例子。古文运动从独造新语上最见出成绩来。胡适之先生说文学革命都从文字或文体的解放开始，是有道理的，因为这里最容易见出改变了的尺度。现代语体文学是标新的，不是复古的，却也可以说是从文字或文体的解放开始；就从这语体上，分明地看出我们的新尺度。

这种语体文学的尺度，如一般人所公认，大部分是受了外国的影响，就是依据着种种外国的标准。但是我们的文学史中原也有这样一股支流，和那正宗的或主流的文学由分而合地相配而行。明代的公安派和竟陵派自然是这支流的一段，但这支流的渊源很古久，截取这一段来说是不正确的。汉以前我们的言和文比较接近，即使不能说是一致。从孔子“有教无类”起，教育渐渐开放给平民，受教育的渐渐多起来。这种受了教育的人也称为“士”，可是跟从前贵族的士不同，这些只是些“读书人”。士的增多影响了语言的文体，话要说得明白，说得详细，当时的著述是说话的记录，自然也是这样。这里面该有平民语调的参入，虽然我们不能确切地指出。汉代辞赋发达，主要地作为宫廷文学；后来变为远于说话的骈俪的体制，士大夫就通用这种体制。可是另一方面，游历了通都大邑、名山大川的司马迁，却还用那近乎说话的文体作《史记》，古里古怪的扬雄跟《问孔》《刺孟》的王充，也还用这种文体作《法言》和《论衡》；而乐府诗来自民间，不用问更近于说话。可见这种文体是废不掉的。就是骈俪文盛行的时代，也还有《世说新语》，记录那时代的说话。到了唐代的韩愈，提倡“气盛言宜”的古文，“气盛言宜”就是说话的调子，至少是近于说话的调子；还有语录和笔记，起于唐而盛于宋，还有来自民间的词，这些也都用着说话或近于说话的调子。东汉以来逐渐建立起来的门阀，到了唐代中叶垮了台，“寻常百姓”的士又增多起来，加上宋代印刷和教育的发达，所以那种详明如话的文体就大大地发达了。到了元明两代，又有了戏曲和小说，更是以说话体就是语体为主。公安派、竟陵派接受了这股支派，努力想将它变成主流，但是这一个尝试失败了。直到现在，一个新的尝试才完成了语体文学；新文学，也就是现代文学。

从以上一段语体文学发展的简史里可以看出种种伸缩的尺度。这些尺度大体上固然不出乎“儒雅”和“风流”那两个标准。可是像语录和笔记，有些恐怕只够“儒”而不够“雅”，有些恐怕既不够“儒”也不够“雅”；不够“雅”因为用俗语或近乎俗语，不够“儒”因为只是一些细事，无关德教，也与风流不相干。汉乐府跟《世说新语》也用俗语，虽然现在已将那些俗语看作了古典。戏曲和小说有的别忠奸，寓劝惩，叙风流，固然够得上标准，有的却不够儒雅，不算风流。在过去的文学传统里，这两种本没有地位，所谓不在话下。不过我们现在得给这些不够格的分别来个交代。我们说戏曲和小说可以见人情物理，这可以叫作“观风”的尺度，《礼记》里说诗可以“观民风”；可以观风，也就拐了弯儿达到了“儒雅”那个标准。戏曲和小说不但可以观民风，还可以观士风，而观风就是写实，就是反映社会，反映时代。这是社会的描写，时代的记录。在我们看来，用不着再绕到“儒雅”那个标准之下，就足够存在的理由了。那些无关政教也不算风流的笔记，也可以这么看。这个“人情物理”或“观风”的尺度原是依据了“儒雅”那个标准定出来的。可是唐代中叶以后，这个尺度似乎已经暗地里独立运用，这已经不是上德化下的尺度而是下情上达的尺度了。人民参加着定了这个尺度，而俗语的参入文学，正与这个尺度配合着。

说是人民参加着订定文学的尺度，如上文所提到的，该起于春秋末年贵族渐渐没落、平民渐渐兴起的时候。这些受了教育的平民加入了统治集团，多少还带着他们的情感和语言。这种新的士流日渐增加，自然就影响了文化的面目乃至精神。汉乐府的搜集与流行，就在这样氛围之中。韩诗解《伐木》一篇说到“饥者歌其食，劳者歌其事”。“饥者歌其食，劳者歌其事”正是“人情物理”，正是“观风”；这说明了三百篇诗的一些诗，也说明了乐府里的一些诗。“饥者歌其食，劳者歌其事”，自然周代的贵族也会如此的，可是这两句带着浓重的平民的色彩；配合着语言的通俗，尤其可以见出。这就是前面说的“参加”，这参加倒是不自觉的。但那“人情物理”或“观风”的尺度的订定却是自觉的。汉以来的社会是士民对立，同时也是士民流通。《世说新语》里记录一些俗语，取其自然。在“风流”的标准下，一般的固然以“含英咀华”的语言为主，但是到了这时代稍加改变，取了“自然”这个尺度，也不足为怪的。

唐代中叶以后，士在民间的流通更自由了，士人更多了。于是乎“人情物理”的著作也更多。元代蒙古人压迫汉人，士大夫的地位降低下去。真正领导文坛的是一些吏人以及“书会先生”。他们依据了“人情物理”的尺度作了许多戏曲。明代士大夫的地位高了些，但是还在暴君压制之下。他们这时恢复了文坛的领导权，他们可也在作戏曲，并且在提倡小说，作小说了。公安派、竟陵派就是受了这种风气的影响而形成的。清代士大夫的地位又高了些，但是又在外族统治之下，还不能恢复元代以前的地位。他们也在作戏曲和小说，可是戏曲和小说始终还是小道，不能跟诗文并列为正宗。“人情物理”还是一种尺度，不能成为标准。但是平民对文学的影响确乎渐渐在扩大。原来士民的对立并不是严格的。尤其在文学上，平民所表现的生活还是以他们所“虽不能至，然心向往之”的士大夫生活为标准。他们受自己的生活折磨够了，只羡慕着士大夫的生活，可又只能耐着苦羡慕着，不知道怎样用行动去争取，至多是表现在他们的文学就是民间文学里；低级趣味是免不了的，但那时他们的理想是爬上高处去。这样，士大夫的文学接受他们的影响，也算是个顺势。虽然“人情物理”和“通俗”到清代还没有成为标准，可是“自然”这尺度从晋代以来已渐渐成为一种标准。这究竟显出人民的力量。

大清帝国改了“中华民国”，新文化运动、新文学运动配合着五四运动画出了一个新时代。大家拥戴的是“德先生”和“赛先生”，就是民主与科学。但是实际上做到的是打倒礼教也就是反封建的工作。反封建解放了个人，也发现了民众，于是乎有了个人主义和人道主义；前者是实践，后者还是理论。这里得指出在那个阶段上，我们是接受了种种外国标准，而向现代化进行着。这时的社会已经不是士民的对立，而是封建的军阀官僚和人民的对立。从清末开设学校，受教育的人大量增多。士或读书人渐渐变了质；到这时一部分成为军阀和官僚的帮闲，大部分却成了游离的知识阶级。知识阶级从军阀和官僚独立，却还不能跟民众联合起来，所以游离着。这里面大部分是青年学生。这时候的文学是语体文学，开始似乎是应用着“人情物理”“通俗”那两个尺度以及“自然”那个标准。然而“人情物理”变了质成为“打倒礼教”就是“反封建”也就是“个人主义”这个标准，“通俗”和“自然”也让步给那“欧化”的新尺度，这“欧化”的尺度后来并且也成了标准。用欧化的语言表现个人主义，顺带着人道主义，是这时期知识阶级向着现代化的路。

“五卅”运动接着国民革命，发展了反帝国主义运动，于是“反帝国主义”也成了文学的一种尺度。抗战起来了，“抗战”立即成了一切的标准，文学自然也在其中。胜利却带来了一个动乱时代，民主运动发展，“民主”成了广大应用的尺度，文学也在其中。这时候知识阶级渐渐走近了民众，“人道主义”那个尺度变质成为“社会主义”的尺度，“自然”又调剂着“欧化”，这样与“民主”配合起来。但是实际上做到的还只是暴露丑恶和斗争丑恶。这是向着新社会发脚的路。受教育的越来越多，这条路上的人也将越来越多，文学终于要配合上那新的“民主”的尺度向前迈进的。大概文学的标准和尺度的变换，都与生活配合着，采用外国的标准也如此。表面上好像只是求新，其实求新是为了生活的高度、深度或广度。社会上存在着特权阶级的时候，他们只见到高度和深度；特权阶级垮台以后，才能见到广度。从前有所谓雅俗之分，现在也还有低级趣味，就是从高度、深度来比较的。可是现在渐渐强调广度，去配合着高度、深度，普及同时也提高，这才是新的“民主”的尺度。要使这新尺度成为文学的新标准，还有待于我们自觉的努力。

刊 1947 年《大公报》

文艺的真实性

我们所要求的文艺，是作者真实的话，但怎样才是真实的话呢？我以为不能笼统地回答，因为文艺的真实性是有种别的，有等级的。

从“再现”的立场说，文艺没有完全真实的，因为感觉与感情都不能久存，而文艺的抒写，又必在感觉消失了，感情冷静着的时候，所以便难把捉了。感觉是极快的，感觉当时只是感觉，不容做别的事。到了抒写的时候，只能凭着记忆，叙述那早已过去的感觉。感情也是极快的，在它热烈的时候，感者的全人格都没入了，哪里有从容抒写之暇？——一有了抒写的动机，感情早已冷却大半，只剩虚虚的轮廓了。所以正经抒写的时候，也只能凭着记忆。从记忆里抄下的感觉与感情，只是生活的意思，而非当时的生活，与当时的感觉、感情，自然不能一致的；不能一致，就不是完全真实了——虽然有大部分是真实的。

在大部分真实的文艺里，又可分为数等。自叙传性质的作品，比较的最是真实，是第一等。虽然自古哲人说自知是最难的，虽然现在的心理学家说内省是靠不住的，研究自己的行为和研究别人的行为同其困难，但那是寻根究底的话；在普通的意义上，一个人知道自己总比知道别人多些，叙述自己的经验，总容易切实而详密些。近代文学里，自叙传性质的作品一日一日地兴盛，主观的倾向一日一日地浓厚；法朗士甚至说，一切文艺都是些自叙传。这些大约就因力求逼近真实的缘故。作者唯恐说得不能入微，故只拣取自己的经验为题材，读者也觉作者为别人的说话到底隔膜一层，不如说自己的话亲切有味，这可叫作求诚之心；欣赏力发达了，求诚之心也便更觉坚强了。

叙述别人的事不能如叙述自己的事之确实，是显然的，为第二等。所谓叙述别人的事，与第三身的叙述稍有不同。叙别人的事，有时也可用第一身；而用第三身叙自己的事，更是常例。这正和自叙传性质的作品与第一身的叙述不同一样。在叙述别人的事的时候，我们所得而凭借的，只有记忆中的感觉，与当事人自己的话，与别人关于当事人的叙述或解释。——这所谓当事人，自然只是些“榜样”（model）。将这些材料加以整理，仔仔细细下一番推勘的功夫、体贴的功夫，才能写出种种心情和关系；至于显明性格或角色，更需要塑造的功夫。这些心情、关系和性格，都是推论所得的意思；而推论或体贴与塑造，是以自己为标准的。人性虽有大齐，细端末节，却是千差万殊的，这叫作个性。人生的丰富的趣味，正在这细端末节的千差万殊里。能显明这个千差万殊的个性的文艺，才是活泼的、真实的文艺。自叙传性质的作品，确能做到一大部分；叙述别人的事，却就难了。因为我们的叙述，无论如何，是以自己为标准的；离不了自己，哪里会有别人呢？以自己为标准所叙别人的心情、关系、性格，至多只能得其轮廓，得其形似而已。自叙凭着记忆，已是间接，这里又加上推论，便间接而又间接了；愈间接，去当时当事者的生活便愈远了，真实性便愈减少了。但是因为人性究竟是有大齐的，甲所知于别人的固然是浮面的，乙、丙、丁……所知于别人的也不见得有多大的差异；因此大家相忘于无形，对于“别人”的叙述之真实性的减少，并不觉有空虚之感。我们在文人叙述别人的文字里，往往能觉着真实的别人，而且觉着相当的满足，就为此故。——这实是我们的自骗罢了。

想象的抒写，从“再现”的立场看，只有第三等的真实性。想象的再现力是很微薄的。它只是些凌杂的端绪（fringe），凌杂的影子。它是许多模糊的影子，依着人们随意饾起的骨架，构成一团云雾似的东西。和普遍所谓实际，相差自然极远极远了。影子已经靠不住了，何况又是模糊的、凌杂的呢？何况又是照着人意重行结构的呢？虽然想象的程度也有不同，但性质总是类似的。无论想象的实事，无论想象的奇迹，总只是些云雾，不过有浓有淡罢了。无论这些想象是从事实来的，是从别人的文字来的，也正是一样。它们的真实性，总是很薄弱的。我们若要剥头发一样地做去，也还能将这种真实性再分为几等；但这种剖析，极难“铢两悉称”，非我的力量所能及。所以只好在此笼统地说，想象的抒写，只有第三等的真实性。

从“再现”的立场所见的文艺的真实性，不是充足的真实性；这令我们不能满意。我们且再从“表现”的立场看。我们说，创作的文艺全是真实的。感觉与感情是创作的材料，而想象却是创作的骨髓。这和前面所说大异了。“创作”的意义绝不是再现一种生活于文字里，而是另造一种新的生活。因为说生活的再现，则再现的生活绝不能与当时的生活等值，必是低一等或薄一层的。况说生活再现于文字里，将文字与生活分开，则主要的是文字不是生活，这实是再现生活的“文字”，而非再现的“生活”了。这里文艺之于生活，价值何其小呢？说创作便不如此。我前面解释创作，说是另造新生活；这所谓“另造”，骤然看来，似乎有能造与所造，又有方造与既造。但在当事的创作者，却毫不起这种了别。说能造是作者，所造是表现生活的文字，或文字里表现的生活；说方造是历程，既造是成就：这都是旁观者事后的分析，创作者是不觉得的。这种分析另有它的价值，但绝不是创作的价值。创作者的创作，只觉是一段生活，只觉是“生活着”。“我”固然是这段生活的一部，文字也是这段生活的一部；“我”与文字合一，便有了这一段生活。这一段生活继续进行，有它自然的结束；这便是一个历程。在历程当中，生活的激动性很大，剧烈的不安引起创作者不歇的努力。历程终结了，那激动性暂时归于平衡状态；于是创作者如释了重负，得到一种舒服。但这段生活之价值却不仅在它的结束。创作者并不急急地盼望结束的到临；他在继续的不安中，也欣赏着一步步的成功，一步步实现他的生活。这样，历程中的每一点，都于他有价值了。所以方造与既造的辨别，在他是不必要的，他自然不会感着了。总之，创作只是浑然的一段生活，这其间不容任何的了别的。至于创作的材料则因生活是连续的，而创作也是一段生活，所以仍免不了取给予记忆中所留着的过去生活的影像。但这种影像在创作者的眼中，并不是过去的生活之模糊的副本，而是现在的生活之一部——记忆也是现在的生活，所以是十分真实的。这样，便将记忆的价值增高了。再则，创作既是另造新生活，则运用现有的材料，自然有自由改变之权，不必保持原状；现有的材料存于记忆中的，对于创作，只是些媒介罢了。这和再现便不同了。创作的主要材料，便是创作者唯一的向导——这是想象。想象就现有的记忆材料，加以删汰、补充、联络，使新的生活得以完满地实现。所以宽一些说，创作的历程里，实只有想象一件事；其余感觉、感情等，已都融洽于其中了。想象在创作中第一重要，和在再现中居末位的大不相同。这样，创作中虽含有现在生活的一部，即记忆中过去生活的影像，而它的价值却不在此，它的价值在于向未来的生活开展的力量，即想象的力量。开展就是生活；生活的真实性，是不必怀疑的。所以创作的真实性，也不必怀疑的。所以我说，从表现的立场看，创作的文艺全是真实的。

至于自叙或叙别人，在创作里似乎不觉有这样分别。因为创作既不分“能”“所”，当然也不分“人”“我”了。“我”的过去生活的影像与“人”的过去生活的影像，同存于记忆之内，同为创作的材料，价值是相等的。在创作时，只觉由一个中心而扩大，其间更无界划。这个中心或者可说是“我”；但这个“我”实无显明的封域，与平常人所执着的“我”广狭不同。凭着这个意义的“我”，我们说一切文艺都是自叙传，也未尝不可。而所谓近代自叙传性质的作品增多，或有一大部分指着这一意义的自叙传，也未可知。——我想，至少十九世纪末期及二十世纪的文艺是如此。在创作时，只觉得扩大一件事。

扩大的历程是不能预料的；唯其不能预料，才成其为创造，才成其为生活。我们写第一句诗，断不知第二句之为何——谁能知道“满城风雨近重阳”的下一句是什么呢？就是潘大临自己，也必不晓得的。这时何暇且何能斤斤斟酌于“人”“我”之间，而细为剖辨呢？只任情而动罢了。事后你说它自叙也好，说它叙别人也好，总无伤于它完全的真实性。胡适的《应该》，俞平伯的《在鹞鹰声里的》，事后看来都是叙别人的。从“再现”方面看，诚然或有不完全的真实的地方。但从“创作”方面看，则浑然一如，有如满月；哪有丝毫罅隙，容得不真实的性质溜进去呢？总之，创作实在是另辟一世界，一个不关心的安息的世界。便是血与泪的文学，所辟的也仍是这个世界（此层不能在此评论）。在这个世界里，物我交融，但有窃然的向往，但有沛然的流转；暂脱人寰，逐得安息。至于创作的因缘，则或由事实，或由文字。但一经创作的心的熔铸，就当等量齐观，不宜妄生分别。俗见以为由文字而生之情力弱，由事实而生之情力强，我以为不然。这就因为事实与文字同是人生之故。即如前举俞平伯《在鹞鹰声里的》一诗，就是读了康白情的《天亮了》，触动宿怀，有感而作。那首诗谁能说是弱呢？这可见文字感人之力，又可见文字与事实之易相牵引了。上来所说，都足证创作只是浑然的真实的生活；所以我说，创造的文艺全是真实的。

从“表现”的立场看，没有所谓“再现”，“再现”是不可能的。创作只是一现而已。就是号称如实描写客观事象的作品，也是一现的创作，而不是再现；因所描写的是“描写当时”新生的心境（记忆），而不是“描写以前”旧有的事实。这层意思，前已说明。所以“再现”不是与“创作”相对待的。在“表现”的立场里，和“创作”相对待的，是“模拟”及“撒谎”。模拟是照别人的样子去制作。“拟古”“拟陶”“拟谢”“拟某某篇”“效某某体”“拟陆士衡”“学韩”“学欧”……都是模拟，都是将自己撳在他人的型里。模拟的动机，或由好古，或由趋时，这是一方面；或由钦慕，或由爱好，这是另一方面。钦慕是钦慕其人，爱好是爱好其文。虽然从程度上论，爱好比钦慕较为真实，好古与趋时更是浮泛；但就性质说，总是学人生活，而非自营生活。他们悬了一些标准，或选了一些定型，竭力以求似，竭力以求合。他们的制作，自然不能自由扩展了。撒谎也可叫作“捏造”，指在实事的叙述中间，插入一些不谐和的虚构的叙述；这些叙述与前后情节是不一致的，或者相冲突的。从“再现”的立场说，文艺里有许多可以说是撒谎的；甚至说，文艺都是撒谎的。因为文艺总不能完全与事实相合。在这里，浪漫的作品，大部分可以说完全是谎话了。历史小说，虽大体无背于事实，但在详细的节目上也是撒谎了。便是写实的作品，谎话诚然是极少极少，但也还免不了的。不过这些谎话全体是很谐和的，成为一个有机体，使人不觉其谎。而作者也并无故意撒谎之心。假使他们说的真是谎话，这个谎话是自由的，无所为的。因此，在“表现”的立场里，我们宁愿承认这些是真实的。然则我们现在所谓“撒谎”的，是些什么呢？这种撒谎是狭义的，专指的实事的叙述里，不谐和的、故意的撒谎而言。这种撒谎是有所为的，为了求合于某种标准而撒谎。这种标准或者是道德的，或者是文学的。章实斋《文史通义·古文十弊》篇里有三个例，可以说明这一种撒谎的意义。我现在抄两个给诸君看：

（一）“有名士投其母行述，……叙其母之节孝，则谓乃祖衰年病废，卧床，溲便无时；家无次丁，乃母不避秽亵，躬亲熏濯。其事既已美矣，又述乃祖于时蹙然不安，乃母肃然对曰：‘妇年五十，今事八十老翁，何嫌何疑？’……节母既明大义，定知无是言也！此公无故自生嫌疑，特添注以斡旋其事；方自以谓得体，而不知适如冰雪肌肤，剜成疮痏，不免愈濯愈痕瘢矣。”

（二）“尝见名士为人撰志。其人盖有朋友气谊，志文乃仿韩昌黎之志柳州也。——一步一趋，惟恐其或失也。中间感叹世情反复，已觉无病费呻吟矣；末叙丧费出于贵人，及内亲竭劳其事。询之其家，则贵人赠赙稍厚，非能任丧费也；而内亲则仅一临穴而已，亦并未任其事也。且其子俱长成，非若柳州之幼子孤露，必待人为经理者也。诘其何为失实至此？则曰，仿韩志柳墓终篇有云……。今志欲似之耳。……临文摹古，迁就重轻，又往往似之矣。”

第一例是因求合于某种道德标准（所谓“得体”）而捏造事实，第二例是因求似于韩文而附会事实；虽然作者都系“名士”，撒谎却都现了狐狸尾巴！这两文的漏洞（即冲突之处）及作者的有意撒谎，章实斋都很痛快地揭出来了。看了这种文字，我想谁也要觉着多少不舒服的。这种作者，全然牺牲了自己的自由，以求合于别人的定型。他们的作品虽然也是他们生活的一部，但这种生活是怎样的局促而空虚哟！

上面第一例只是撒谎，第二例是模拟而撒谎，撒谎是模拟的果。为什么只将它作为撒谎的例呢？这里也有缘故。我所谓模拟，只指意境、情调、风格、词句四项而言；模拟而至于模拟实事，我以为便不是模拟了。因为实事不能模拟，只能捏造或附会；模拟事实，实在是不通的话。所以说模拟实事，不如说撒谎。上面第二例，形式虽是模拟而实质却全是撒谎；我说模拟而撒谎，原是兼就形质两方而论。再明白些说，我所谓模拟有两种：第一种，里面的事实，必是虚构的且谐和的，以求生出所模拟之作品的意境、情调；第二种，事实是实有的，只仿效别人的风格与字句。至于在应该叙实事的作品里，因为模拟的缘故，故意将原有事实变更或附会，这便不在模拟的范围之内，而变成撒谎了。因为实事是无所谓模拟的。至于不因模拟，而于叙实事的作品里插入一些捏造的事实，那当然更是撒谎，不成问题的。这是模拟与撒谎的分别。一般人说模拟也是撒谎，但我觉得模拟只是自动的“从人”，撒谎却兼且被动的“背己”。因为模拟时多少总有些向往之诚，所以说是自动的；因为向往的结果是“依样葫芦”，而非“任性自表”，所以说是“从人”。但这种“从人”，不至“背己”。何以故？“从人”的意境、字句，可以自圆其说，成功独立的一段生活，而无冲突之处。这里无所谓“背己”的；因为虽是学人生活，但究竟是自己的一段完成的生活。——却不是充足的、自由的生活。至于“从人”的风格、情调，似乎会“背己”了；其实也不然，因为风格与情调本是多方面的，易变化的，况且一切文艺里的情调、风格，总有其大齐的。所以设身处地去体会他人情调而发抒之，是可能的。并且所模仿的，虽不尽与“我”合，但总是性之所近的。因此，在这种作品里，虽不能自由发抒，但要谐和而无冲突是甚容易的。至于撒谎，如前第一例，求合于某种道德标准，只是根于一种畏惧、掩饰之心，毫无什么诚意。——连模拟时所具的一种倾慕心，也没有了。因此，便被动地背了自己的心瞎说了。明明记着某人或自己是没有这些事的，但偏偏不顾是非地说有，这如何能谐和呢？这只将矛盾显示于人罢了。第二例自然不同，那是以某一篇文的作法为标准的。在这里，作者虽有向往之诚，可惜取径太笨了，竟至全然牺牲了自己；因为他悍然地违背了他的记忆，关于那个死者的。因此，弄巧成拙，成了不诚的话了。总之，模拟与撒谎，性质上没有多大的不同，只是程度相差却甚远了。我在这里将捏造实事的所谓模拟不算作模拟，而列入撒谎之内，是与普通的见解不同的；但我相信如此较合理些。由以上的看法，我们可以说，在表现的立场里，模拟只有低等的真实性，而撒谎全然没有真实性——撒谎是不真实的，虚伪的。

我们要有真实而自由的生活，要有真实而自由的文艺，须得创作去；只有创作是真实的，不过创作兼包精粗而言，并非凡创作的都是好的。这已涉及另一问题，非本篇所能详了。

附注：本篇内容的完成，颇承俞平伯君的启示，在这里谢谢他。

刊 1924 年《小说月报》

文艺之力

我们读了《桃花源记》《红楼梦》《虬髯客传》《灰色马》《现代日本小说集》《茵梦湖》《卢森堡之一夜》……觉得新辟了许多世界。有的开着烂漫的花，绵连着芊芊的碧草。在青的山味、白的泉声中，上下啁啾着玲珑的小鸟。太阳微微地笑着，天风不时掠过小鸟的背上。有的展着一片广漠的战场，黑压压的人都冻在冰里，或烧在火里。却有三两个战士，在层冰上、在烈焰中奔驰着。那里也有风，冷到刺骨，热便灼人肌肤。那些战士披着发，红着脸，用了铁石一般的声音叫喊。在这个世界里，没有困倦，没有寂寞；只有百度上的热，零度下的冷，只有热和冷！有的是白发的老人和红衣的幼女，乃至少壮的男人、妇人，手牵着手，挽成一个无限大的圈儿，在地上环行。他们都踏着脚，唱着温暖的歌，笑容可掬地向着；太阳在他们头上。有的全是黑暗和阴影，仿佛夜之国一般。大家摸索着，挨挤着，以嫉恨的眼互视着。这些闪闪的眼波，在暗地里仿佛是幕上演着的活动影戏，有十足的机械风。又像舞着的剑锋，说不定会落在谁的颈上或胸前的。这世界如此的深而莫测，真有如“盲人骑瞎马，夜半临深池”了。有的却又不同，将眼前的世界剥去了一层壳，只留下她的裸体，显示美和丑的曲线。世界在我们前面索索地抖着，便不复初时那样的仪态万方了。有时更像用了X光似的，显示出她的骨骼和筋络等等，我们见其肺肝了，我们看见她的血是怎样流的了。这或者太不留余地。但我们却能接触着现世界的别面，将一个胰皂泡幻成三个胰皂泡似的，得着新国土了。

另有词句与韵律，虽常被认为末事，却也酝酿着多样的空气，传给我们种种新鲜的印象。这种印象确乎是简单些；而引人入胜，有催眠之功用，正和前节所述关于意境情调的一样——只是程度不同罢了。从前人形容痛快的文句，说是如啖哀家梨，如用并州剪。这可见词句能够引起人的新鲜的筋肉感觉。我们读晋人文章如《世说新语》一类的书遇着许多“隽语”，往往翛然有出尘之感，真像不食人间烟火似的，也正是词句的力。又如《红楼梦》中的自然而漂亮的对话，使人觉得轻松，觉得积伶。《点滴》中深曲而活泼的描写，多用拟人的字眼和句子，更易引起人神经的颤动。《诱惑》中的“忽然全世界似乎打了一个寒噤。”“仿佛地正颤动着，正如伊的心脏一般地跳将起来了。”便足显示这种力量。

此外“句式”也有些关系。短句使人敛，长句使人宛转，锁句（periodical sentence）使人精细，散句使人平易，偶句使人凝整、峭拔。说到“句式”，便会联想到韵律，因为这两者是相关甚密的。普通说韵律，但就诗歌而论；我所谓韵律却是广义的，散文里也有的。这韵律其实就是声音的自然的调节，凡是语言文字里都有的。韵律的性质，一部分随着字音的性质而变，大部分随着句的组织而变。字音的性质是很复杂的。我于音韵学没有什么研究，不能详论。约略说来，有刚音，有柔音，有粗涩的音，有甜软的音。清楚而平滑的韵（如“先”韵）可以引起轻快与美妙的感觉，开张而广阔的韵（如“阳”韵）可以引起飏举与展扩的感觉。

浊声如ㄅ，ㄉ，ㄍ，使人有努力、冲撞、粗暴、艰难、沉重等印象；清声如ㄆ，ㄊ，ㄋ，则显示安易、平滑、流动、稳静、轻妙、温良与娴雅。浊声如重担在肩上，清声如蜜在舌上。这些分别，大概由于发音机关的变化；旧韵书里所谓开齐合撮、阴声、阳声、弇声、侈声，当能说明这种缘故。我却不能做这种工作；我只总说一句，因发音机关的作用不同，引起各种相当而不同的筋肉感觉，于是各字的声音才有不同的力量了。但这种力量也并非一定，因字在句中的位置而有增减。在句子里，因为意思与文法的关系，各字的排列可以有种种的不同。其间轻重疾徐，自然互异。轻而疾则力减，重而徐则力增。这轻重疾徐的调节便是韵律。调节除字音外，更当注重音“节”与句式；音节的长短，句式的长短、曲直，都是可以决定韵律的。现在只说句式，音节可以类推。短句促而严，如斩钉截铁，如一柄晶莹的匕首。长句舒缓而流利，如风前的马尾，如拂水的垂杨。锁句宛转腾挪，如夭矫的游龙，如回环的舞女。散句曼衍而平实，如战场上的散兵线，如依山临水的错落的楼台。偶句停匀而凝练，如西湖上南北两峰，如处女的双乳。这只论其大凡，不可拘执；但已可见韵律的力量之一斑了。——所论的在诗歌里，尤为显然。

由上所说，可见文艺的内容与形式都能移人情；两者相依为用，可以引人入胜，引人到“世界外之世界”。在这些境界里，没有种种计较利害的复杂的动机，也没有那个能分别的我；只有浑然的沉思，只有物我一如的情感（fellow feeling）。这便是所谓“忘我”。这时虽也有喜、怒、哀、乐、爱、恶、欲等的波动，但是无所附的，无所为的，无所执的。固然不是为“我自己”而喜怒哀乐，也不是为“我的”亲戚朋友而喜怒哀乐，喜怒哀乐只是喜怒哀乐自己，更不能说是为了谁的。既不能说是为了谁的，当然也分不出是“谁的”了，所以这种喜怒哀乐是人类所共同的。因为是共同的、无所执的，所以是平静的、中和的。有人说文艺里的情绪不是真的情绪，纵然能逼紧人的喉头，燃烧人的眼睛。我们阅读文艺，只能得着许多鲜活的意象（idea）罢了；这些意象是如此的鲜活，将相连的情绪也微微地带起在读者的心中了。正如我们忆起一个噩梦一样，虽时过境迁，仍不免震悚；但这个震悚的力量究竟是微薄的。所以文艺里的情绪的力量也是微薄的；说它不是真的情绪，便是为此，真的情绪只在真的冲动、真的反应里才有。但我的解说，有些不同。文艺里既然有着情绪，如何又说是不真？至多只能加上“强”“弱”“直接”“间接”等限制词罢了。你能说文艺里情绪是从文字里来的，不是从事实里来的，所以是间接的、微弱的；但你如何能说它不是真的呢？至于我，认表现为生活的一部，文字与事实同是生活的过程；我不承认文艺里的情绪是间接的，因而也不能承认它是微弱的。我宁愿说它是平静的，中和的。这中和与平静正是文艺的效用，文艺的价值。为什么中和而平静呢？我说是无“我执”之故。人生的狂喜与剧哀，都是“我”在那里串戏。利害、得失、聚散……之念，萦于人心，以“我”为其枢纽。“我”于是纠缠、颠倒，不能已已。这原是生活意志的表现，生活的趣味就在于此。但人既执着了“我”，自然就生出“我爱”“我慢”“我见”“我痴”；情之所发，便有偏畸，不能得其平了。与“我”亲的，哀乐之情独厚；渐疏渐薄，至于没有为止。这是争竞状态中的情绪，力量甚强而范围甚狭。至于文艺里的情绪，则是无利害的，泯人我的。无利害便无竞争，泯人我便无亲疏，因而纯净、平和、普遍，像汪汪千顷、一碧如镜的湖水。湖水的恬静，虽然没有涛澜的汹涌，但又何能说是微薄或不充实呢？我的意思，人在这种境界里，能够免去种种不调和与冲突，使他的心明净无纤尘，以大智慧普照一切；无论悲乐，皆能生趣。——日常生活中的悲哀是受苦，文艺中的悲哀是享乐。愈易使我们流泪的文艺，我们愈愿意去亲近它。有人说文艺的悲哀是“奢华的悲哀”（luxurious sadness）正是这个意思。“奢华的”就是“无计较的享乐”的意思。我曾说这是“忘我”的境界；但从别一面，也可说是“自我无限的扩大”。我们天天关闭在自己的身份里，如关闭在牢狱里；我们都渴望脱离了自己，如幽囚的人之渴望自由。我们为此而忧愁、扫兴、阴郁。文艺却能解放我们，从层层的束缚里。文艺如一个侠士，半夜里将我们从牢狱里背了出来，飞檐走壁地在大黑暗里行着；又如一个少女，偷偷开了狭的鸟笼，将我们放了出来，任我们向海阔天空里翱翔。我们的“我”，融化于沉思的世界中，如醉如痴地浑不觉了。在这不觉中，却开辟着、创造着新的自由的世界，在广大的同情与纯净的趣味的基础上。前面所说各种境界，便可见一斑了。这种解放与自由只是暂时的，或者竟是顷刻的。但那中和与平静的光景，给我们以安息，给我们以滋养，使我们“焕然一新”；文艺的效用与价值唯其是暂而不常的，所以才有意义呀。普通的娱乐如打球、跳舞等，虽能以游戏的目的代替实利的目的，使人忘却一部分的计较，但绝不能使人完全忘却了自我，如文艺一样。故解放与自由实是文艺的特殊的力量。

文艺既然有解放与扩大的力量，它毁灭了“我”界，毁灭了人与人之间重重的障壁。它继续地以“别人”调换我们“自己”，使我们联合起来。现在世界上固然有爱，而疑忌、轻蔑、嫉妒等等或者更多于爱。这绝不是可以满足的现象。其原因在于人为一己之私所蔽，有了种种成见与偏见，便不能了解他人，照顾他人了。各人有各人的世界；真的，各人独有一个世界。大世界分割成散沙似的碎片，便不成个气候，灾祸便纷纷而起了。灾祸总要避除了。有心人于是着手打倒种种障壁，使人们得以推诚相见，携手同行。他们的能力表现在各种形式里，而文艺亦其一种。文艺在隐隐中实在负着联合人类的使命。从前俄国托尔斯泰论艺术，也说艺术的任务在借着情绪的感染以联合人类而增进人生之幸福。他的全部的见解，我觉得太严了，也可以说太狭了。但在“联合人类”这一层上，我佩服他的说话。他说只有他所谓真正的艺术才有联合的力量，我却觉得他那斥为虚伪的艺术的，也未尝没有这种力量；这是和他不同的地方。单就文艺而论，自然也事同一例。在文艺里，我们感染着全人类的悲乐，乃至人类以外的悲乐（任举一例，如叶圣陶《小蚬的回家》中所表现的）。这时候人天平等，一视同仁；“我即在人中”，人即在自然中。“全世界联合了哟！”我们可以这样绝叫了。便是自然派的作品，以描写丑与恶著名，给我们以夜之国的，看了究竟也只有会发生联合的要求；所以我们不妨一概论的。这时候，即便是一刹那，爱在我们心中膨胀，如月满时的潮汛一般。爱充塞了我们的心，妖魅魍魉似的疑忌、轻蔑等心思，便躲避得无影无踪了。这种联合力，是文艺的力量的又一方面。

有人说文艺并不能使人忘我，它却使人活泼泼地实现自我（self realization），这就是说，文艺给人以一种新的刺激，足以引起人格的变化。照他们说，文艺能教导人，能鼓舞人；有时更要激动人的感情，引起人的动作。革命的呼声可以唤起睡梦中的人，使他们努力前驱，这是的确的。俄国便是一个好例。而“靡靡之音”使人“缠绵歌泣于春花秋月，消磨其少壮活泼之气”，使人“儿女情多，风云气少”，却也是真的。这因环境的变迁固可影响人的情思及他种行为，情思的变迁也未尝不能影响他种行为及环境；而文艺正是情思变迁的一个重要因子，其得着功利的效果，也是当然的。文艺如何影响人的情思，引起他人格的变化呢？梁任公先生说得最明白，我且引他的话：

> 抑小说之支配人道也，复有四种力：一曰熏。熏也者，如入云烟中而为其所烘，如近墨朱处而为其所染。……人之读一小说也，不知不觉之间，而眼识为之迷漾，而脑筋为之摇飏，而神经为之营注；今日变一二焉，明日变一二焉，刹那刹那，相断相续；久之，而此小说之境界遂入其灵台而据

之，成一特别之原质之种子。有此种子故，他日又更有所触所受者，旦旦而熏之，种子愈盛，而又以之熏他人。……（《论小说与群治之关系》）

此节措辞虽间有不正确之处，但议论是极透辟的。他虽只就小说立论，但别种文艺也都可作如是观。此节的主旨只是说小说（文艺）能够渐渐地、不知不觉地改变读者的旧习惯，造成新习惯在他们的情思及别种行为里。这个概念是很重要的；所谓“实现自我”，也便是这个意思。近年文坛上“血与泪的文学”，爱与美的文学之争，就是从这个见解而来的。但精细地说，“实现自我”并不是文艺之直接的、即时的效用，文艺之直接的效用，只是解放自我，只是以作品的自我调换了读者的自我；这都是阅读当时顷刻间的事。至于新刺激的给予，新变化的引起，那是片刻间的扩大、自由、安息之结果，是稍后的事了。因为阅读当时没有实际的刺激，便没有实际的冲动与反应，所以也没有实现自我可言。阅读之后，凭着记忆的力量，将当时所感与实际所受对比，才生出振作、颓废等样的新力量。这所谓对比，自然是不自觉的。阅读当时所感，虽同是扩大、自由与安息，但其间的色调却是千差万殊的；所以所实现的自我，也就万有不同。至于实现的效用，也难一概而论。大约一次两次的实现是没有多大影响的；文艺接触得多了，实现的机会频频了，才可以造成新的习惯，新的人格。所以是很慢的。原来自我的解放只是暂时的，而自我的实现又不过是这暂时解放的结果；间接的力量，自然不能十分强盛了。故从自我实现的立场说，文艺的力量的确没有一般人所想象的那样大。周启明先生说得好：

> 我以为文学的感化力并不是极大无限的，所以无论善之华、恶之华都未必有什么大影响于后人的行为，因此除了真不道德的思想以外（资本主义及名分等），可以放任。(《诗》一卷四号通信）

他承认文艺有影响行为的力量，但这个力量是有限度的。这是最公平的话。但无论如何，这种“实现自我”的力量也是文艺的力量的一面，虽然是间接的。它是与解放、联合的力量先后并存的，却不是文艺的唯一的力量。

说文艺的力量不是极大无限的，或许有人不满足。但这绝不足为文艺病。文艺的直接效用虽只是“片刻间”的解放，而这“片刻间”已经多少可以安慰人们忙碌与平凡的生活了。我们如奔驰的马，在接触文艺的时候，暂时松了羁绊，解了鞍辔，让嚼那青青的细草，饮那凛冽的清泉。这短短的舒散之后，我们仍须奔驰向我们的前路。我们固愿长逗留于清泉嫩草之间，但是怎能够呢？我们有我们的责任，怎能够脱卸呢？我们固然要求无忧无虑的解放，我们也要求继续不断的努力与实现。生活的趣味就在这两者的对比与调和里。在对比的光景下，文艺的解放力因稀有而可贵；它便成了人生的适量的调和剂了。这样说来，我们也可不满足地满足了。至于实现自我，本非文艺的专责，只是余力而已；其不能十分盛大，也是当然。又文艺的效用是“自然的效用”，非可以人力强求；你若故意费力去找，那是钻入牛角湾里去了。而文艺的享受，也只是自然的。或取或舍，由人自便；它绝不含有传统的权威如《圣经》一样，勉强人去亲近它。它的精神如飘忽来往的轻风，如不能捕捉的逃人，在空闲的甜蜜的时候来访问我们的心。它来时我们绝不十分明白，而它已去了。我们欢迎它的，它给我们最小到最大的力量，照着我们所能受的。我们若决绝它或漠然地看待它，它便什么也不丢下。我们有时在伟大的作品之前，完全不能失了自己，或者不能完全失了自己，便是为此了。文艺的精神，文艺的力，是不死的；它变化万端而与人生相应。它本是“人生底”呀。看第一、第二两节所写，便可明白了。

以上所说大致依据高斯威赛（Galsworthy）[①]之论艺术（art），所举原理可以与他种艺术相通。但文艺之力就没有特殊的色彩么？我说有的，在于丰富而明了的意象（idea）。他种艺术都有特别的、复杂的外质，绘画有形、线、色彩，音乐有声音、节奏，足以掀起深广的情澜在人们心里；而文艺的外质大都只是极简单的无变化的字形，与情潮的涨落无关的。文艺所恃以引起浓厚的情绪的，却全在那些文字里所含的意象与联想（association）（但在诗歌里，还有韵律）。文艺的主力自然仍在情绪，但情绪是伴意象而起的。——在这一点上，我赞成前面所引的话了。他种艺术里也有意象，但没有文艺里的多而明白。情绪非由意象所引起，意象便易为情绪所蔽了。他种艺术里的世界虽

① 约翰·高尔斯华绥（John Galsworthy，1867—1933），英国小说家，1932 年以《福尔赛世家》获得诺贝尔文学奖。代表作有《福尔赛世家》三部曲（《有产业的人》《骑虎》《出租》），《现代喜剧》三部曲（《白猿》《银匙》《天鹅之歌》）。——编者注

也有种种分别，但总是混沌不明晰的；文艺里的世界，则大部分是很精细的。以“忘我”论，他种艺术或者较深广些，以“创造新世界”论，文艺则较精切了；以“解放联合”论，他种艺术的力量或者更强些，以“实现自我”论，文艺又较易见功了。——文艺的实际的影响，我们可以找出历史的例子，他种艺术就不能了。总之，文艺之力与他种艺术异的，不在性质而在程度；这就是浅学的我所能说出的文艺之力的特殊的调子了。

1924年作

论逼真与如画

“逼真”与“如画”这两个常见的批评用语，给人一种矛盾感。“逼真”是近乎真，就是像真的；“如画”是像画，像画的。这两个语都是价值的批评，都说是“好”。那么，到底是真的好呢？还是画的好呢？更教人迷糊的，像清朝大画家王鉴说的：

> 人见佳山水辄曰“如画”，见善丹青辄曰“逼真”。（《染香庵跋画》）

丹青就是画。那么，到底是“如画”好呢？还是“逼真”好呢？照历来的用例，似乎两个都好，两个都好而不冲突，怎么会的呢？这两个语出现在我们的中古时代，沿用得很久，也很广，表现着这个民族对于自然和艺术的重要的态度。直到白话文通行之后，我们有了完备的成套的批评用语，这两个语才少见了，但是有时还用得着，有时也翻成白话用着。

这里得先看看这两个语的历史。照一般的秩序，总是先有“真”，后才有“画”，所以我们可以顺理成章地说“逼真与如画”——将“逼真”排在“如画”的前头。然而事实上，似乎后汉就有了“如画”这个语，“逼真”却大概到南北朝才见。这两个先后的时代，限制着“画”和“真”两个词的意义，也就限制着这两个语的意义；不过这种用语的意义是会跟着时代改变的。《后汉书·马援传》里说他：

为人明须发，眉目如画。

唐朝李贤注引后汉的《东观记》说：

援长七尺五寸，色理发肤眉目容貌如画。

可见“如画”这个语后汉已经有了，南朝范晔作《后汉书·马援传》，大概就根据这类记载；他沿用“如画”这个形容语，没有加字，似乎直到南朝这个语的意义还没有什么改变。但是“如画”到底是什么意义呢？

我们知道直到唐初，中国画是以故事和人物为主的，《东观记》里的“如画”，显然指的是这种人物画。早期的人物画由于工具的简单和幼稚，只能做到形状匀称与线条分明的地步，看武梁祠的画像就可以知道。画得匀称分明是画得好；人的“色理发肤眉目容貌如画”，是相貌生得匀称分明，也就是生得好。但是色理发肤似乎只能说分明，不能说匀称，范晔改为“明须发，眉目如画”，是很有道理的。匀称分明是常识的评价标准，也可以说是自明的标准，到后来就成了古典的标准。类书里举出三国时代诸葛亮的《黄陵庙记》，其中叙到“乃见江左大山壁立，林麓峰峦如画”，上文还有“睹江山之胜”的话，清朝严可均编辑的《全三国文》里说“此文疑依托”，大概是从文体或作风上看。笔者也觉得这篇记是后人所作。“江山之胜”这个意念到东晋才逐渐发展，三国时代是不会有的；而文体或作风又不像。文中“如画”一语，承接着“江山之胜”，已经是变义，下文再论。

“如画”是像画，原义只是像画的局部的线条或形体，可并不说像一个画面；因为早期的画还只以个体为主，作画的人对于整个的画面还没有清楚的意念。这个意念似乎到南北朝才清楚地出现。南齐谢赫举出画的六法，第五是“经营布置”，正是意识到整个画面的存在的证据。就在这时代，有了“逼真”这个语，“逼真”是指的整个形状。如《水经注·沔水篇》说：

> 上粉县……堵水之旁……有白马山，山石似马，望之逼真。

这里“逼真”是说像真的白马一般。但是山石像真的白马又有什么好呢？这就牵连到这个“真”字的意义了。这个“真”固然指实物，可是一方面也是《老子》《庄子》里说的那个“真”，就是自然，另一方面又包含谢赫的六法的第一项“气韵生动”的意思，唯其“气韵生动”，才能自然，才是活的不是死的。死的山石像活的白马，有生气，有生意，所以好。“逼真”等于俗语说的“活脱”或“活像”，不但像是真的，并且活像是真的。如果这些话不错，“逼真”这个意念主要的还是跟着画法的发展来的。这时候画法已经从匀称分明进步到模仿整个儿实物了。六法第二“骨法用笔”似乎是指的匀称分明，第五“经营布置”是进一步的匀称分明。第三“应物象形”，第四“随类傅彩”，第六“传移模写”，大概都在说出如何模仿实物或自然；最重要的当然是“气韵生动”，所以放在第一。“逼真”也就是近于自然，像画一般地模仿着自然，多多少少是写实的。

唐朝张怀瓘的《书断》里说：

> 太宗……尤善临古帖，殆于逼真。

这是说唐太宗模仿古人的书法，差不多活像，活像那些古人。不过这似乎不是模仿自然。但是书法是人物的一种表现，模仿书法也就是模仿人物；而模仿人物，如前所论，也还是模仿自然。再说我国书画同源，基本的技术都在乎“用笔”，书法模仿书法，跟画的模仿自然也有相通的地方。不过从模仿书法到模仿自然，究竟得拐上个弯儿。老是拐弯儿就不免只看见那作品而忘掉那整个儿的人，于是乎

"貌同心异"，模仿就成了死板板的描头画角了。书法不免如此，画也不免如此。这就不成其为自然。郭绍虞先生曾经指出道家的自然有"神化"和"神遇"两种境界。而"气韵生动"的"气韵"，似乎原是音乐的术语借来论画的，这整个语一方面也接受了"神化"和"神遇"的意念，综合起来具体地说出，所以作为基本原则，排在六法的首位。但是模仿成了机械化，这个基本原则显然被忽视。为了强调它，唐朝人就重新提出那"神"的意念，这说是复古也未尝不可。于是张怀瓘开始将书家分为"神品""妙品""能品"，朱景玄又用来论画，并加上了"逸品"。这神、妙、能、逸四品，后来成了艺术批评的通用标准，也是一种古典的标准。但是神、妙、逸三品都出于道家的思想，都出于玄心和达观，不出于常识，只有能品才是常识的标准。

重神当然就不重形，模仿不妨"貌异心同"；但是这只是就间接模仿自然而论。模仿别人的书画诗文，都是间接模仿自然，也可以说是艺术模仿艺术。直接模仿自然，如"山石似马"，可以说是自然模仿自然，就还得"逼真"才成。韩愈的《春雪间早梅》诗说：

> 那是俱疑似，须知两逼真！

春雪活像早梅，早梅活像春雪，也是自然模仿自然，不过也是像画一般模仿自然。至于韩偓的诗：

纵有才难咏，宁无画逼真！

说是虽然诗才薄弱，形容不出，难道不能画得活像！这指的是女子的美貌，又回到了人物画，可以说是艺术模仿自然。这也是直接模仿自然，要求“逼真”，跟“山石似马”那例子一样。

到了宋朝，苏轼才直截了当地否定了“形似”，他《书鄢陵王主簿所画折枝》的诗里说：

论画以形似，见与儿童邻。

……

边鸾雀写生，赵昌花传神。

……

“写生”是“气韵生动”的注脚。后来董逌的《广川画跋》里更提出“生意”这个意念。他说：

世之评画者曰，妙于生意，能不失真如此矣。至是为能尽其技。尝问如何是当处生意？曰，殆谓自然。问自然，则曰能不异真者斯得之矣。且观天地生物，特一气运化尔，其功用秘移，与物有宜，莫知为之者。故能成于自然。今画者信妙矣，方且晕形布色，求物比之，似而效之，序以成者，皆人力之后失也，岂能以合于自然者哉！

“生意”是真，是自然，是“一气运化”。“晕形布色”，比物求似，只是人工，不合自然。他也在否定“形似”，一面强调那气化或神化的“生意”。这些都见出道家“得意忘言”以及禅家“参活句”的影响。不求“形似”，当然就无所谓“逼真”；因为“真”既没有定型，逼近与否是很难说的。我们可以说“神似”，也就是“传神”，却和“逼真”有虚实之分。不过就画论画，人物、花鸟、草虫，到底以形为本，常识上还只要求这些画“逼真”。跟苏轼差不多同时的晁以道的诗说得好：

画写物外形，要物形不改。

就是这种意思。但是山水画另当别论。

东晋以来士大夫渐渐知道欣赏山水，这也就是风景，也就是“江山之胜”。但是在画里山水还只是人物的背景，《世说新语》记顾恺之画谢鲲在岩石里，就是一个例证。那时有个宗炳，将自己游历过的山水，画在墙壁上，“卧以游之”。这是山水画独立的开始，但是这种画无疑地多多少少还是写实的。到了唐朝，山水画长足地发展，北派还走着近乎写实的路，南派的王维开创了文人画，却走上了象征的路。苏轼说他“诗中有画，画中有诗”，文人画的特色就在“画中有诗”。因为要“有诗”，有时就出了常识常理之外。张彦远说“王维画物多不问四时，如画花，往往以桃杏芙蓉莲花同画一景”。宋朝沈括的《梦溪笔谈》也说他家藏得有王氏的“《袁安卧雪图》，有雪中芭蕉”。

但是沈氏却说：

> 此乃得心应手，意到便成，故造理入神，迥得天意。此难可与俗人论也。

这里提到了“神”“天”就是自然，而“俗人”是对照着“文人”说的。沈氏在上文还说“书画之妙，当以神会”，“神会”可以说是象征化。桃杏芙蓉莲花虽然不同时，放在同一个画面上，线条、形体、颜色却有一种特别的和谐，雪中芭蕉也如此。这种和谐就是诗。桃杏芙蓉莲花等只当作线条、形体、颜色用着，只当作象征用着，所以就可以“不问四时”。这也可以说是装饰化，图案化，程式化。但是最容易程式化的最能够代表文人化的是山水画，苏轼的评语，正指王维的山水画而言。

桃杏芙蓉莲花等等是个别的实物，形状和性质各自分明，“同画一景”，俗人或常人用常识的标准来看，马上觉得时令的矛盾，至于那矛盾里的和谐，原是在常识以外的，所以容易引起争辩。山水，文人欣赏的山水，却是一种境界，来点儿写实固然不妨，可是似乎更宜于象征化。山水里的草木、鸟兽、人物，都吸收在山水里，或者说和山水合为一气；兽与人简直可以没有，如元朝倪瓒的山水画，就常不画人，据说如此更高远，更虚静，更自然。这种境界是画，也是诗，画出来写出来是的，不画出来不写出来也是的。这当然说不上“像”，更说不上“活像”或“逼真”了。“如画”倒可以解作像这种山水画。

但是唐人所谓“如画”，还带有写实的意味，例如李商隐的诗：

茂苑城如画，阊门瓦欲流。

皮日休的诗：

楼台如画倚霜空。

虽然所谓“如画”指的是整个画面，却似乎还是北派的山水画。上文《黄陵庙记》里的“如画”，也只是这个意思。到了宋朝，如林逋的诗：

白公睡阁幽如画。

这个“幽”就全然是境界，像的当然是南派的画了。“如画”可以说是属于自然模仿艺术一类。

上文引过王鉴的话，“人见佳山水辄曰‘如画’”，这“如画”是说像南派的画。他又说“见善丹青辄曰‘逼真’”，这丹青却该是人物、花鸟、草虫，不是山水画。王鉴没有弄清楚这个分别，觉得这两个语在字面上是矛盾的，要解决这个矛盾，他接着说：

则知形影无定法，真假无滞趣，惟在妙悟人得之；不尔，虽工未为上乘也。

形影无定，真假不拘，求“形似”也成，不求“形似”也成，只要妙悟，就能够恰到好处。但是“虽工未为上乘”，“形似”到底不够好。但这些话并不曾解决了他想象中的矛盾，反而越说越糊涂。照“真假无滞趣”那句话，似乎画是假的；可是既然不拘真假，假而合于自然，也未尝不可以说是真的。其实他所谓假，只是我们说的境界，与实物相对的境界。照我们看，境界固然与实物不同，却也不能说是假的。同是清朝大画家的王时敏在一处画跋里说过：

石谷所作雪卷，寒林积素，江村寥落，——皆如真境，宛然辋川笔法。

辋川指的是王维，“如真境”是说像自然的境界，所谓“得心应手，意到便成”，“莫知为之者”。自然的境界尽管与实物不同，却还不妨是真的。

“逼真”与“如画”这两个语借用到文学批评上，意义又有些变化。这因为文学不同于实物，也不同于书法的点画，也不同于画法的“用笔”“象形”“傅彩”。文学以文字为媒介，文字表示意义，意义构成想象；想象里有人物、花鸟、草虫及其他，也有山水，——有实物，也有境界。但是这种实物只是想象中的实物；至于境界，原只存在于想象中，倒是只此一家，所以“诗中有画，画中有诗”。向来评论诗文以及小说戏曲，常说“神态逼真”“情景逼真”，指的是描写或描画。写神态写情景写得活像，并非诉诸直接的感觉，跟“山石似马，望之逼真”以及“宁无画逼真”的直接诉诸视觉不一样，这是诉诸想象中的视觉的。宋朝梅尧臣说过“状难写之景，如在目前”，“如”字很确切；这种“逼真”只是使人如见。可是向来也常说“口吻逼真”，写口气写得活像，是使人如闻，如闻其声。这些可以说是属于艺术模仿自然一类。向来又常说某人的诗“逼真老杜”，某人的文“逼真昌黎”，这是说在语汇、句法、声调、用意上，都活像，也就是在作风与作意上都活像，活像在默读或朗诵两家的作品，或全篇，或断句。这儿说是“神似老杜”“神似昌黎”也成，想象中的活像本来是可实可虚两面儿的。这属于艺术模仿艺术一类。文学里的模仿，不论模仿的是自然或艺术，都和书画不相同；倒可以比建筑，经验是材料，想象是模仿的图样。

向来批评文学作品，还常说“神态如画”“情景如画”“口吻如画”，也指描写而言。上文“如画”的例句，都属于自然模仿艺术一类。这儿是说“写神态如画”“写情景如画”“写口吻如画”，可以说是属于艺术模仿自然一类。在这里“如画”的意义却简直和“逼真”是一样，想象的“逼真”和想象的“如画”在想象里合而为一了。这种“逼真”与“如画”都只是分明、具体、可感觉的意思，正是常识对于自然和艺术所要求的。可是说“景物如画”或“写景物如画”，却是例外。这儿“如画”的“画”可以是北派山水，可以是南派山水，得看所评的诗文而定。若是北派，“如画”就只是匀称分明；若是南派，就是那诗的境界，都与“逼真”不能合一。不过传统的诗文里写景的地方并不很多，小说戏剧里尤其如此，写景而有境界的更少，因此王维的“诗中有画”才见得难能可贵，模仿起来不容易。他创始的“画中有诗”的文人画，却比那“诗中有画”的诗直接些、具体些，模仿的人很多，多到成为所谓南派。我们感到“如画”与“逼真”两个语好像矛盾，就由于这一派文人画家的影响。不过这两个语原来既然都只是常识的评价标准，后来意义虽有改变，而除了“如画”在作为一种境界解释的时候变为玄心妙赏以外，也都还是常识的标准。这就可见我们的传统的对于自然和艺术的态度，一般的还是以常识为体，雅俗共赏为用的。那些“难可与俗人论”的，恐怕到底不是天下之达道罢。

刊《天津民国日报》文艺副刊

诗与感觉

诗也许比别的文艺形式更依靠想象；所谓远，所谓深，所谓近，所谓妙，都是就想象的范围和程度而言。想象的素材是感觉，怎样玲珑缥缈的空中楼阁都建筑在感觉上。感觉人人有，可是或敏锐，或迟钝，因而有精粗之别。而各个感觉间交互错综的关系，千变万化，不容易把捉，这些往往是稍纵即逝的。偶尔把捉着了，要将这些组织起来，成功一种可以给人看的样式，又得有一番功夫，一副本领。这里所谓可以给人看的样式便是诗。

从这个立场看新诗，初期的作者似乎只在大自然和人生的悲剧里去寻找诗的感觉。大自然和人生的悲剧是诗的丰富的泉源，而且一向如此，传统如此。这些是无尽宝藏，只要眼明手快，随时可以得到新东西。但是花和光固然是诗，花和光以外也还有诗，那阴暗，潮湿，甚至霉腐的角落儿上，正有着许多未发现的诗。实际的爱固然是诗，假设的爱也是诗。山水田野里固然有诗，灯红酒酽里固然有诗，任一些颜色，一些声音，一些香气，一些味觉，一些触觉，也都可以有诗。惊心触目的生活里固然有诗，平淡的日常生活里也有诗。发现这些未发现的诗，第一步得靠敏锐的感觉，诗人的触角得穿透熟悉的表面向未经人到的底里去。那儿有的是新鲜的东西。闻一多、徐志摩、李金发、姚蓬子、冯乃超、戴望舒各位先生都曾分别向这方面努力。而卞之琳、冯至两位先生更专向这方面发展，他们走得更远些。

假如我们说冯先生是在平淡的日常生活里发现了诗，我们可以说卞先生是在微细的琐屑的事物里发现了诗。他的《十年诗草》里处处都是例子，但这里只能举一两首。

淘气的孩子，有办法：
叫游鱼啮你的素足，
叫黄鹂啄你的指甲，
野蔷薇牵你的衣角……
白蝴蝶最懂色香味，
寻访你午睡的口脂。
我窥候你渴饮泉水，
取笑你吻了你自己。
我这八阵图好不好？
你笑笑，可有点不妙，
我知道你还有花样！
哈哈，到底算谁胜利？

你在我对面的墙上，
写下了“我真是淘气”。
（《淘气》，《装饰集》）

这是十四行诗，三四段里活泼的调子。这变换了一般十四行诗的严肃，却有它的新鲜处。这是情诗，蕴藏在“淘气”这件微琐的事里。游鱼的啮，黄鹂的啄，野蔷薇的牵，白蝴蝶的寻访，“你吻了你自己”，便是所谓“八阵图”；而游鱼、黄鹂、野蔷薇、白蝴蝶都是“我”“叫”它们去做这样那样的，“你吻了你自己”也是“我”在“窥候”着的，“我这八阵图”便是治“淘气的孩子”——“你”——的“办法”了。那“啮”，那“啄”，那“牵”，那“寻访”，甚至于那“吻”，都是那“我”有意安排的，那“我”其实在分享着这些感觉。陶渊明《闲情赋》里道：

愿在丝而为履，附素足以周旋；
悲行止之有节，空委弃于床前。
愿在昼而为影，常依形而西东；
悲高树之多荫，慨有时而不同。

感觉也够敏锐的。那亲近的愿心其实跟本诗一样，不过一个来得迫切，一个来得从容罢了。“你吻了你自己”也就是“你的影子吻了你”；游鱼、黄鹂、野蔷薇、白蝴蝶也都是那“你”的影子。凭着从游鱼等等得到的感觉去想象“你”，或从“你”得到的感觉叫“我”想象游鱼等等；而“我”又“叫”游鱼等等去做这个那个，“我”便也分享这个那个。这已经是高度的交互错综，而“我”还分享着“淘气”。“你”“写下了”“我真是淘气”，是“你”“真是淘气”，可是“我对面”读这句话，便成了“‘我’真是淘气”了。那治“淘气的孩子”——“你”——的“八阵图”，到底也治了“我”自己。“到底算谁胜利？”瞧“我”为了“你”这些颠颠倒倒的！这一个回环复沓不是钟摆似的来往，而是螺旋似的钻进人心里。

《白螺壳》诗（《装饰集》）里的“你”“我”也是交互错综的一例。

空灵的白螺壳，你，
孔眼里不留纤尘，
漏到了我的手里，
却有一千种感情：
掌心里波涛汹涌，
我感叹你的神工，
你的慧心啊，大海，
你细到可以穿珠！
可是我也禁不住：
你这个洁癖啊，唉！（第一段）

玲珑，白螺壳，我？
大海送我到海滩，
万一落到人掌握，
愿得原始人喜欢，
换一只山羊还差

三十分之二十八；
倒是值一只蟠桃。
怕给多思者捡起，
空灵的白螺壳，你
卷起了我的愁潮！（第三段）

这是理想的人生（爱情也在其中），蕴藏在一个微缩的白螺壳里。“空灵的白螺壳”，“却有一千种感情”，象征着那理想的人生——“你”。“你的神工”“你的慧心”的“你”是“大海”，“你细到可以穿珠”的“你”又是“慧心”，而这些又同时就是那“你”。“我？”“大海送我到海滩”的“我”，是代白螺壳自称，还是那“你”。最愿老是在海滩上，“万一落到人掌握”，也只是“愿得原始人喜欢”，因为自己一点用处没有——换山羊不成，“值一只蟠桃”，只是说一点用处没有。原始人有那股劲儿，不让现实纠缠着，所以不在乎这个。只“怕给多思者捡起”，怕落到那“我的手里”。可是那“多思者”的“我”，“捡起”来了，于是乎只有叹息：“你卷起了我的愁潮！”“愁潮”是现实和理想的冲突，而“潮”原是属于“大海”的。

请看这一湖烟雨
水一样把我浸透，
像浸透一片鸟羽。
我仿佛一所小楼
风穿过，柳絮穿过，

燕子穿过像穿梭，
楼中也许有珍本，
书叶给银鱼穿织，
从爱字通到哀字！
出脱空华不就成！（第二段）

我梦见你的阑珊：
檐溜滴穿的石阶，
绳子锯缺的井栏……
时间磨透于忍耐！
黄色还诸小鸡雏，
青色还诸小碧梧，
玫瑰色还诸玫瑰，
可是你回顾道旁，
柔嫩的蔷薇刺上
还挂着你的宿泪。（第四段完）

从“波涛汹涌”的“大海”想到“一湖烟雨”，太容易“浸透”的是那“一片鸟羽”。从“一湖烟雨”想到“一所小楼”，从“穿珠”想到“风穿过，柳絮穿过，燕子穿过像穿梭”，以及“书叶给银鱼穿织”；而“珍本”又是从藏书楼想到的。“从爱字通到哀字”，“一片鸟羽”也罢，“一所小楼”也罢，“楼中也许有”的“珍本”也罢，“出脱空华（花）”，一场春梦！虽然“时间磨透于忍耐”，还只“梦见你的阑瑚”。于是“黄色还诸小鸡雏……”，“你”是“你”，现实是现实，一切还是一切。可是“柔嫩的蔷薇刺上”带着宿雨，那是“你的宿泪”。“你”“有一千种感情”，只落得一副眼泪。这又有什么用呢？那“宿泪”终于会干枯的。这首诗和前一首都不显示从感觉生想象的痕迹，看去只是想象中一些感觉，安排成功复杂的样式。——“黄色还诸小鸡雏”等三行可以和冯至先生的《十四行集》对照着看，很有意思。

铜炉在向往深山的矿苗，
瓷壶在向往江边的陶泥，
它们都像风雨中的飞鸟
各自东西。
（《十四行集》，二一）

《白螺壳》诗共四段，每段十行，每行一个单音节，三个双音节，共四个音节。这和前一首都是所谓“匀称”“均齐”的形式。卞先生是最努力创造并输入诗的形式的人，《十年诗草》里存着的自由诗很少，大部分是种种形式的试验，他的试验可以说是成功的。他的自由诗也写得紧凑，不太参差，也见出感觉的敏锐来，《距离的组织》便是一例。他的《三秋草》里还有一首《路过居》，描写北平一间人力车夫的茶馆，也是自由诗，那些短而精悍的诗行由会话组成，见出平淡的生活里蕴藏着的悲喜剧。那是近乎人道主义的诗。

原载《新诗杂话》

诗与幽默

旧诗里向不缺少幽默。南宋黄彻《碧溪诗话》云：

碧子建称孔北海文章多杂以嘲戏；子美亦“戏效俳谐体”，退之亦有“寄诗杂诙俳”，不独文举为然。自东方生而下，祢处士、张长史、颜延年辈往往多滑稽语。大体材力豪迈有余用之不尽，自然如此。……《坡集》类此不可胜数。《寄蕲簟与蒲传正》云：“东坡病叟长羁旅，冻卧饥吟似饥鼠。倚赖东风洗破衾，一夜雪寒披故絮。”《黄州》云：“自惭无补丝毫事，尚费官家压酒囊。”《将之湖州》云：“吴儿脍缕薄欲飞，未去先说馋涎垂。”又，“寻花不论命，爱雪长忍冻。天公非不怜，听饱即喧哄。”……皆斡旋其章而弄之，信恢刃有余，与血指汉颜者异矣。

这里所谓滑稽语就是幽默。近来读到张骏祥先生《喜剧的导演》一文（《学术季刊》文哲号），其中论幽默很简明：“幽默既须理智，亦须情感。幽默对于所笑的人，不是绝对的无情；反之，如塞万提斯之于堂吉诃德先生，实在含有无限的同情。因为说到底，幽默所笑的不是第三者，而是我们自己。……幽默是温和的好意的笑。”黄彻举的东坡诗句，都在嘲弄自己，正是幽默的例子。

新文学的小说、散文、戏剧各项作品里也不缺少幽默，不论是会话体与否；会话体也许更便于幽默些。只诗里幽默却不多。我想这大概有两个缘由：一是一般将诗看得太严重了，不敢幽默，怕亵渎了诗的女神。二是小说、散文、戏剧的语言虽然需要创造，却还有些旧白话文，多少可以凭借；只有诗的语言得整个儿从头创造起来。诗作者的才力集中在这上头，也就不容易有余暇创造幽默。这一层只要诗的新语言的传统建立起来，自然会改变的。新诗已经有了二十多年的历史，看现在的作品，这个传统建立的时间大概快到来了。至于第一层，将诗看得那么严重，倒将它看窄了。诗只是人生的一种表现和批评；同时也是一种语言，不过是精神的语言。人生里短不了幽默，语言里短不了幽默，诗里也该不短幽默，才是自然之理。黄彻指出的情形，正是诗的自然现象。

新诗里纯粹的幽默的例子，我只能举出闻一多先生的《闻一多先生的书桌》一首：

忽然一切的静物都讲话了，

忽然书桌上怨声腾沸：

墨盒呻吟道“我渴得要死！”

字典喊雨水渍湿了他的背；

信笺忙叫道弯痛了他的腰；

钢笔说烟灰闭塞了他的嘴，

毛笔讲火柴燃秃了他的须，

铅笔抱怨牙刷压了他的腿；

香炉咕喽着“这些野蛮的书

早晚定规要把你挤倒了！”

大钢表叹息快睡锈了骨头；

“风来了！风来了！”稿纸都叫了；

笔洗说他分明是盛水的，

怎么吃得惯臭辣的雪茄灰；

桌子怨一年洗不上两回澡，

墨水壶说“我两天给你洗一回”。

“什么主人？谁是我们的主人？”

一切的静物都同声骂道。

“生活若果是这般的狼狈，

倒还不如没有生活的好！”

主人咬着烟斗迷迷的笑，

“一切的众生应该各安其位。

我何曾有意的糟蹋你们，

秩序不在我的能力之内。”

(《死水》)

这里将静物拟人，而且使书桌上的这些静物“都讲话”：有的是直接的话，有的是间接的话，互相映衬着。这够热闹的。而不止一次的矛盾的对照更能引人笑。墨盒“渴得要死”，字典却让雨水湿了背；笔洗不盛水，偏吃雪茄灰；桌子怨“一年洗不上两回澡”，墨水壶却偏说两天就给他洗一回。“书桌上怨声腾沸”，“一切的静物都同声骂”，主人却偏“迷迷的笑”；他说“一切的众生应该各安其位”，可又缩回去说“秩序不在我的能力之内”。这些都是矛盾的存在，而最后一个矛盾更是全诗的极峰。热闹，好笑，主人嘲弄自己，是的；可是“一切的众生应该各安其位”，见出他的抱负，他的身份——他不是一个小丑。

俞平伯先生的《忆》，都是追忆儿时心理的诗。亏他居然能和成年的自己隔离，回到儿时去。这里面有好些幽默。我选出两首：

有了两个橘子，

一个是我底，

一个是我姊姊底。

把有麻子的给了我，

把光脸的她自有了。

“弟弟你底好，
绣花的呢？”
真不错！
好橘子，我吃了你罢。
真正是个好橘子啊！（第一）

亮汪汪的两根灯草的油盏，
摊开一本《礼记》，
且当它山歌般的唱。
乍听间壁又是说又是笑的，
“她来了罢？”
《礼记》中尽是些她了。
“娘，我书已读熟了。”（第二十二）

这里也是矛盾的和谐。第一首中“有麻子的”却变成“绣花的”；“绣花的”的“好”是看的“好”，“好橘子”和“好橘子”的“好”却是可吃的“好”和吃了的“好”。次一首中《礼记》却“当它山歌般的唱”，而且后来“《礼记》中尽是些她了”；“当它山歌般的唱”，却说“娘，我书已读熟了”。笑就蕴藏在这些别人的、自己的、别人和自己的矛盾里。但儿童自己觉得这些只是自然而然，矛盾是从成人的眼中看出的。所以更重要的，笑是蕴藏在儿童和成人的矛盾里。这种幽默是将儿童（儿时的自己和别的儿童）当作笑的对象，跟一般的幽默不一样；但不失为健康的。《忆》里的诗都用简短的口语，儿童的话原是如此；成人却更容易从这种口语里找出幽默来。

用口语或会话写成的幽默的诗，还可举出赵元任先生贺胡适之先生的四十生日的一首：

适之说不要过生日，
生日偏又到了。
我们一般爱起哄的，
又来跟你闹了。
今年你有四十岁了都，
我们有的要叫你老前辈了都；
天天听见你提倡这样，提倡那样，
觉得你真有点儿对了都！
你是提倡物质文明的咯，
所以我们就来吃你的面；
你是提倡整理国故的咯，
所以我们都进了研究院；
你是提倡白话诗人的咯，
所以我们就啰啰唆唆写上了一大片。
我们且别说带笑带吵的话，
我们且别说胡闹胡搞的话，
我们并不会说很巧妙的话，

我们更不会说“倚少卖老”的话；

但说些祝颂你们健康的话——

就是送给你们一家子大大小小的话。

（《北平晨报》，十九，十二，十八）

全诗用的是纯粹的会话；像“都”字（读音像“兜”字）的三行只在会话里有（“今年你有四十岁了都”就是“今年你都有四十岁了”，余类推）。头二段是仿胡先生的“了”字韵，头两行又是仿胡先生的那两行诗：

我本不要儿子，

儿子自来了。

三四段的“多字韵”（胡先生称为“长脚韵”）也可以说是“了”字韵的引申，因为后者是前者的一例。全诗的游戏味也许重些，但说的都是正经话，不至于成为过分夸张的打油诗。胡先生在《尝试集·自序》里引过他自己的白话游戏诗，说“虽是游戏诗，也有几段庄重的议论”；赵先生的诗，虽带游戏味，意思却很庄重，所以不是游戏诗。

赵先生是长于滑稽的人，他的《国语留声片课本》《国音新诗韵》，还有翻译的《爱丽斯漫游奇境记》，都可以见出。张骏祥先生文中说滑稽可以为有意的和无意的两类，幽默属于前者。赵先生似乎更长于后者，《奇境记》真不愧为“魂译”（丁西林先生评语，见《现代评论》）。记得《新诗韵》里有一个“多字韵”的例子：

> 你看见十个和尚没有？
>
> 他们坐在破锣上没有？

无意义，却不缺少趣味。无意的滑稽也是人生的一面，语言的一端，歌谣里最多，特别是儿歌里。——歌谣里幽默却很少，有的是诙谐和讽刺。这两项也属于有意的滑稽。张先生文中说我们通常所谓话说得俏皮，大概就指诙谐。“诙谐是个无情的东西”，“多半伤人；因为诙谐所引起的笑，其对象不是说者而是第三者”。讽刺是“冷酷，毫不留情面”，“不只挞伐个人，有时也攻击社会”。我们很容易想起许多嘲笑残废的歌谣和“娶了媳妇忘了娘”一类的歌谣，这便是歌谣里诙谐和讽刺多的证据。

原载《新诗杂话》

什么是散文?

散文的意思不止一个。对骈文说，是不用对偶的单笔，所谓散行的文字。唐以来的“古文”便是这东西。这是文言里的分别，我们现在不大用得着。对韵文说，散文无韵；这里所谓散文，比前一文所包广大。虽也是文言里旧有的分别，但白话文里也可采用。这都是从形式上分别。还有与诗相对的散文，不拘文言白话，与其说是形式不一样，不如说是内容不一样。内容的分别，很难说得恰到好处；因为实在太复杂，凭你怎么说，总难免顾此失彼，不实不尽。这中间又有两边儿跨着的，如所谓散文诗，诗的散文；于是更难划清界限了，越是缠夹，用得越广，从诗与散文派生“诗的”“散文的”两个形容词，几乎可用于一切事上，不限于文字。——茅盾先生有一个短篇小说，题作《诗与散文》，是一个有趣的例子。

按诗与散文的分法，新文学里的小说、戏剧（除掉少数诗剧和少数剧中的韵文外）、“散文”，都是散文。论文、宣言等不用说也是散文，但是通常不算在文学之内。——这里得说明那引号里的散文。那是与诗、小说、戏剧并举，而为新文学的一个独立部门的东西，或称白话散文，或称抒情文，或称小品文。这散文所包甚狭，从“抒情文”“小品文”两个名称就可知道。小品文对大品而言，只是短小之文；但现在却兼包“身边琐事”或“家常体”等意味，所以有“小摆设”之目。近年来这种文体一时风行；我们普通说散文，其实只指的这个。这种散文的趋向，据我看，一是幽默，一是游记、自传、读书记。若只走向幽默去，散文的路确乎更狭更小，未免单调；幸而有第二条路，就比只写身边琐事的时期已展开了一两步。大体上说，到底是前进的。有人主张用小品文写大众生活，自然也是一个很好的意思，但盼望作出些实例来。

读书记需要博学，现在几乎还只有周启明先生一个人动手。游记、传记两方面都似乎有很宽的地步可以发展。我以为不妨打破小品，多来点儿大的。长篇的游记与自传都已有人在动手，但盼望人手多些，就可热闹起来了。传记也不一定限于自传，可以新作近世人物的传，可以重写古人的传；游记也不一定限于耳闻目睹，掺入些历史的追想，也许别有风味。这个先得多读书，搜集体料，自然费功夫些，但是值得做的。不愿意这么办，只靠敏锐的观察力和深刻的判断力，也可写出精彩的东西；但生活的方面得广大，生活的态度得认真。——不独写游记、传记如此，写小说、戏剧也得如此（写历史小说、历史戏剧，却又得多读书了）。生活是一部大书，读得太少，观察力和判断力还是很贫乏的。日前在天津看见张彭春先生，他说现在的文学有一条新路可以走，就是让写作者到内地或新建设区去，凭着他们的训练（知识与技巧）将所观察的写成报告文学。这不是报纸上简陋的地方通信，也不是观察员冗杂的呈报书，而应当是文学作品。他说大学生、高中学生都可利用假期试试这个新设计。我在《太白》里有《内地描写》一文，也有相似的说话，这确是我们散文的一个新路。此外，以人生为题的精悍透彻的、抒情的论文，像西赛罗《说老》之类，也可发展；但那又得多读书或多阅世，怕不是一时能见成绩的。

1935 年作

禅家的语言

我们知道禅家是“离言说”的，他们要将嘴挂在墙上。但是禅家却最能够活用语言。正像道家以及后来的清谈家一样，他们都否定语言，可是都能识得语言的弹性，把握着，运用着，达成他们的活泼无碍的说教。不过道家以及清谈家只说到“得意忘言”“言不尽意”，还只是部分的否定语言，禅家却彻底地否定了它。《古尊宿语录》卷二记百丈怀海禅师答僧问“祖宗密语”说：

> 无有密语，如来无有秘密藏。……但有语句，尽属法之尘垢。但有语句，尽属烦恼边收。但有语句，尽属不了义教。但有语句，尽不许也。了义教俱非也。更讨什么密语！

这里完全否定了语句，可是同卷又记着他的话：

但是一切言教只如治病，为病不同，药亦不同。所以有时说有佛，有时说无佛。实语治病，病若得瘥，个个是实语；病若不瘥，个个是虚妄语。实语是虚妄语，生见故。虚妄是实语，断众生颠倒故。为病是虚妄，只有虚妄药相治。

又说：

世间譬喻是顺喻，不了义教是顺喻。了义教是逆喻，舍头目髓脑是逆喻，如今不爱佛菩提等法是逆喻。

虚实顺逆却都是活用语言。否定是站在语言的高头，活用是站在语言的中间；层次不同，说不到矛盾。明白了这个道理，才知道如何活用语言。

北平《世间解》月刊第五期上有顾随先生的《揣籥录》，第五节题为《不是不是》，中间提到“如何是（达摩）祖师西来意”一问，提到许多答语，说只是些“不是，不是！”这确是一语道着，斩断葛藤。但是“不是，不是！”也有各色各样。顾先生提到赵州和尚，这里且看看他的一手。《古尊宿语录》卷十三记学人问他：

问：“如何是赵州一句？”

师云：“半句也无。”

学云："岂无和尚在？"

师云："老僧不是一句。"

卷十四又记：

问："如何是一句？"

师云："道什么？"

问："如何是一句？"

师云："两句。"

同卷还有：

问："如何是目前一句？"

师云："老僧不如你！"

这都是在否定"一句"，"一句""密语"。第一个答语，否定自明。第二次答"两句"，"两句"不是"一句"，牛头不对马嘴，还是个否定。第三个答语似乎更不相干，却在说：不知道，没有"目前一句"，你要，你自己悟去。

同样，他否定了"祖师西来意"那问语。同书卷十三记学人问："如何是祖师西来意？"

师云："庭前柏树子。"

卷十四记着同一问语：

师云："床脚是。"

云："莫便是也无？"（就是这个吗？）

师云："是即脱取去。"（是就拿下带了去。）

还有一次答话：

师云："东壁上挂葫芦，多少时也！"

"柏树子""床脚""葫芦"，这些用来指点的眼前景物，可以说都和"西来意"了不相干，所谓"逆喻"，是用肯定来否定，说了还跟没有说一样。但是同卷又记着：

问："柏树子还有佛性也无？"

师云："有。"

云："几时成佛？"

师云："待虚空落地。"

云："虚空几时落地？"

师云："待柏树子成佛。"

现在我们称为无意义的话。"待柏树子成佛"是兜圈子，也等于没有说，我们称为丐词。这些也都是用肯定来否定的。但是柏树子有佛性，前面那些答话就又不是了不相干了。这正是活用，我们称为多义的话。

同卷紧接着的一段：

> 问："如何是西来意？"
>
> 师云："因什么向院里骂老僧！"
>
> 云："学人有何过？"
>
> 师云："老僧不能就院里骂得阇黎。"（阇黎＝师）

又记着：

> 问："如何是西来意？"
>
> 师云："板齿生毛。"

这里前两句答话也是了不相干，但是不是眼前有的景物，而是眼前没有的事；没有的事是没有，是否定。但是"骂老僧""骂阇黎"就是不认得僧，不认得师，因而这一问也就是不认得祖师。这也是两面儿话，或说是两可的话。末一句答话说板牙上长毛，也是没有的事，并且是不可能的事；"西来意"是不可能说的。同卷还有两句答话：

> 师云："如你不唤作祖师，意犹未在。"

这是说没有“祖师”，也没有“意”。

师云：“什么处得者消息来！”

意思是跟上句一样。这都是直接否定了问句，比较简单好懂。顾先生说“庭前柏树子”一句“流传宇宙，震烁古今”，就因为那答话里是个常物，却出乎常情，又不出乎禅家“无多子”的常理。这需要活泼无碍地运用想象，活泼无碍地运用语言。这就是所谓“机锋”。“机锋”也有路数，本文各例可见一斑。

刊《世间解》月刊

全书完